자동차 조명과 인간의 시각특성

이찬수 • 박혜리 • 박현수 • [illegible]

홍릉과학출판사

추천사

조명은 인간생활의 다양한 측면을 반영하여 응용분야 마다 그 특색이 다르다. 자동차 조명은 자동차 산업과 밀접히 관련될 뿐 아니라, 야간-신속-안전이라는 화두와 연결되는 어려운 분야이다. 이 책은 이러한 분야의 특성을 잘 이해하고, 눈과 시각과 인간의 특성부터 시작하여 실무적인 문제까지를 다루고 있는 내용으로 관련 분야 종사자는 반드시 읽어두어야 할 것이다.

강원대학교 김 훈 교수

머리말

자동차 조명 장치는 자동차의 안전과 신호표시를 위해서 사용되는 다양한 장치로 운전자가 시인성을 확보하고, 또한 운전자가 다른 운전자나 보행자에게 의사소통하는 중요한 장치이다. 최근에 차량용 조명은 LED 램프가 기존의 할로겐이나 HID 램프를 대체하며 급격하게 발전하고 있다.

이러한 차량용 조명을 설계하는 데 있어서는 단지 광학적으로 법규를 만족하고, 또한 디자인적으로 심미적인 요소를 만족해야 할 뿐 아니라, 개발된 램프가 물체를 검출하거나 다른 보행자에게 적절한 신호를 보낼 수 있는지를 판단하고, 또한 이러한 부분에 있어서 개선을 하도록 만들어 가는 것이 매우 필요하다.

본 서적은 이러한 자동차 조명을 설계, 개발하는 데 있어서 알아야 할 인간시각의 특성에 대한 이해를 돕기 위하여 집필되었다. 영남대학교 자동차 조명융합공학과 대학원 과정에서 교육한 자료를 바탕으로 편집하여 자동차 조명 전문가들이 알아야 할 인간시각의 특성을 깊이 있게 다루고 있다.

1장에서 차량의 조명이 안전성에 미치는 영향을 바탕으로 차량용 조명의 중요성을 살펴보고, 2장에서는 인간시각의 기본 특성을 살펴본다. 자동차 조명은 야간 운전시에 중요하고, 이러한 야간 운전은 박명시라는 낮의 빛 환경과는 다른 환경에서의 인간시각을 특성을 이해하는 것이 요구되며, 이를 위하여 3장에서는 박명시의 인간 시각의 특성을 자세히 다룸으로, 낮과는 다른 시각 특성을 반영하여 조명을 해석할 수 있는 기틀을 제공한다. 4장에서는 자동차 조명의 설계에 있어서 중요한 고려 대상인 눈부심에 대한 이해를 높이며, CIE(국제조명위원회)에서 제시하고 있는 불능 눈부심 모델과 자동차 조명에서 중요한 불쾌 눈부심을 소개한다. 5장은 이 책의 가장 핵심적인 내용으로, 사람의 눈이 주어진 조명 환경 조건 및 물체 크기에 대한 조건에서 얼마만큼의 대비가 있어야 물체를 검출할 수 있는지 판단할 수 있는 시인성 모델을 제시하고, 대비 모델로 확장한다. 6장에서는 미래 자동차 조명에서 중요하게 고려되어야 할 것으로 보이는 인간중심 조명에 대하여 소개하며, 7장에서는 자동차 조명 법규에 대하여 살펴본 후, 8장에서는 램프 성능 평가 방법들을 소개한다. 마지막으로 9장에서는 최근의 자동차 조명 개발 동향을 소개하며, 미래의 자동차 조명이 어떻게 발전해 갈 것인지 전망을 소개한다.

이 책의 2.4절 색채지각 부분 및 6.1절 조명의 비시각적 효과는 박현수 교수님이 많은 도움을 주었으며, 8장은 박혜리 교수님께서 많은 기여를 해 주셨기에 감사를 드립니다. 7장의 자동차 등화장치 법규는 자동차 안전 연구원 강병도 센터장님께서 집필해 주셨습니다.

또한 초고를 검토해 보고 많은 조언을 주신 김훈 교수님과 김학봉 부장님께 감사를 드립니다.

아무쪼록, 이 책이 자동차 조명에 대한 좀 더 깊이 있는 연구와 개발에 필요한 인간시각의 특성을 이해하는데 도움을 주어서, 한국 자동차 조명의 발전에 작은 디딤돌이 되기를 기원합니다.

영남대학교
전자공학과/자동차조명융합전문인력양성사업단

이찬수 교수

차례

CHAPTER 03 야간 운전시(박명시) 인간 시각 특성

CHAPTER 04 차량용 조명에서의 눈부심

CHAPTER 05 시인성 모델

CHAPTER 06 차량용 인간중심 조명

CHAPTER 07 자동차 등화장치 성능 평가 방법

CHAPTER 08 자동차 등화장치 성능 평가 방법

01 자동차 운전과 안전성

본 장에서는 조명이 자동차 운전과 안전에 미치는 영향을 살펴봄으로 자동차 운전에 있어서 안전성 확보를 위한 조명의 중요성을 제시한다. 자동차 운전과 관련하여 도로 조명과 차량용 램프가 있으며, 이 조명들은 서로 영향을 미치게 된다. 본 장에서는 도로 조명에 대한 기본 설명과 함께 차량용 조명 및 도로 조명이 사고에 미치는 영향에 대한 기존의 연구를 살펴보고, 차량용 조명과 도로 조명이 서로 어떤 상관관계가 있는지를 기존의 연구를 바탕으로 제시한다. 마지막으로 최근의 자동차 조명의 발전에 있어서 안정성 확보를 위한 다양한 접근 방법을 검토한다.

1.1 자동차 운전과 조명

자동차 운전을 돕기 위한 조명에는 도로 조명, 차량 조명, 신호등, 표지판 조명 등 다양한 조명이 사용되고 있다. 도로 조명은 보행자 및 차량운전자의 보임을 확실하게 하여 사고 및 범죄 등의 위험을 예방하고, 안전하고 쾌적한 통행을 할 수 있도록 해야 한다[1]. 차량조명은 차량의 내외부에 부착된 조명 및 신호장치를 총괄하여 차량조명이라고 한다.

자동차 운전에 있어서 핵심적인 작업 중에 하나는 시각작업이라고 볼 수 있다. 만약 시각정보가 없다면, 눈을 감고는 잠시도 운전을 할 수 없다. 따라서, 차량을 운전한다는 것은 지속적으로 눈을 통하여 들어오는 시각 정보를 처리하여, 도로 상황 및 교통 상황을 지속적으로 판단하고 이 시각정보를 바탕으로 필요한 경우에 조향 장치, 가속 페달 등을 조정하여 차량의 속도 및 방향을 조절하며 운전하게 된다.

운전을 위한 시각작업은 크게 세 가지 요소로 구성되어 있다고 볼 수 있다. 첫 번째 요소는 시각 감각을 통하여 들어온 정보를 사용하여 운전 작업과 연관된 시각적 정보를 추출해 내는 작업이다. 두 번째 요소는 제공된 시각정보를 바탕으로 이 정보들을 해석하고 적절한 판단을 내리는 인지작업이다. 세 번째 요소는 운동요소로 추가적인 정보를 얻기 위한 움직임이나 인지작업을 통하여 판단된 정보를 바탕으로 적절한 행동을 수행하는 것이다. 운전을 하는 동안 시각 외에 엔진 소리, 사이렌 등 청각자극이나 운동감각 등 다양한 감각으로부터 자극을 받아들이지만 시각자극이 가장 중요한 정보를 가지고 있다.

사람은 물체와 도로면과 같이 바라보고 있는 대상으로부터 반사되는 빛의 밝기의 차이를 바탕으로 대상을 구분하고 인식하게 된다. 눈에 들어오는 시각정보는 빛의 양이나 파장 등에 따라 차이를 보이게 된다. 따라서, 야간 운전의 경우에는 차량에서 제공되는 조명이 시각 감각으로부터 정보를 얻는데 매우 중요한 역할을 하게 된다.

1.1.1 시각 감각

조명은 직접적으로 또는 간접적으로 자동차 운전을 위한 시각정보가 제공되도록 한다. 신호등이나 차량의 방향 지시등과 같은 조명은 직접적으로 운전자에게 필요한 정보를 전달한다. 반면에 차량의 전조등, 안개등과 같은 조명은 차량의 전방에 빛을 조사함으로써 도로의 상태나 장애물 등을 볼 수 있도록 간접적으로 운전자 시각 정보를 제공하도록 한다.

운전자가 물체를 볼 수 있다는 것은 어떤 의미인가? 물체를 보는데 영향을 미치는 요소들은 어떤 것이 있을까? 이러한 질문들은 차량용 조명을 개발하는데 있어서 매우 중요한 문제이다. 이러한 문제들을 이해하기 위해서는 조명의 광학적 특성 뿐 아니라 인간 시각의 특성에 대한 깊은 이해가 필요하다. 이에 대한 자세한 내용은 2장과 3장에서 다루도록 한다. 인간이 어떤 물체를 인식하는데 영향을 미치는 요소를 여러 가지이나 대표적으로는 물체의 크기와 배경과 비교한 밝기의 차이가 있으며, 이 외에도 색상의 차이, 눈의 순응 상태 등에 따라서도 차이가 있게 된다. 이러한 요소들에 대한 자세한 모델링은 5장 시인성 모델에서 다루도록 한다.

1.2 차량용 조명

차량용 조명은 자동차의 내부 또는 외부에 장착되어 운전자를 위하여 도로를 비추어 주거나 다른 운전자 또는 보행자가 차량의 크기, 움직임 등을 잘 볼 수 있도록 해준다. 차량용 조명은 초기 차량이 생산되면서부터 사용되었다. 전기를 이용한 램프가 있기 전에는 가스등이나 고체연료등이 사용되었다. 가령, 1900년대 초에 소개되었던 포드 T-모델에서는 카바이드 램프가 전조등으로 사용되었고, 기름 램프가 미등(tail lamp)으로 사용되었다. 이후에 차량에 회전하며 전기를 발생시킬 수 있는 작은 발전기(dynamo)가 장착되고 이로부터 발생된 전기를 이용한 램프가 장착되게 되었다. 1919년에 하향등이 사용가능하게 되었으며, 1940년대 되어서야 밀봉이 된 조명이 표준적으로 받아들이게 되었다[2]. 할로겐 전조등은 1960년대에 개발되었다. 1990대 초에 HID 램프가 생산되기 시작했으며, 그 이후 LED 램프가 후미등에 적용되기 시작했다. 2007년에 처음으로 LED 전조등이 렉서스 LS 600h에 장착되게 되었으며, 최근에는 많은 고급차량 뿐 아니라, 중형 차량에서도 LED 전조등이 장착되어 있다. LED 전조등은 다중 LED를 사용한 메트릭스 램프 등으로 발전하고 있다. 최근에는 레이저와 형광체를 이용하여 LED보다 더 밝은 빛을 낼 수 있는 전조등도 개발되고 있다.

그림 1.1 포드 T-모델 및 사용된 램프들

현재 차량에는 20여 종류의 램프가 사용되고 있으며, 램프의 컬러, 밝기 및 배광은 국제 표준에 의하여 규격이 제정되어 운영되고 있다. 차량용 조명과 관련된 법규는 차량용 조명을 통하여 최대한의 가시성을 확보하면서도 상대편 차량에 눈부심 등을 최소화하기 위하여 배광을 비롯한 다양한 요구조건이 제시되고 있으며, 7장의 차량용 조명 법규에서 이에 대하여 상세히 다룰 것이다.

1.3 도로 조명

거리 조명은 강도 등으로부터 보호하고, 어두운 길을 밝히는 안전을 위하여, 산업혁명이 일어나기 오래전부터 사용되어 왔다. 로마에서도 기름램프를 꺼지지 않게 관리하는 하인이 있었다고 한다[3]. 오늘날에는 고압 나트륨 램프(high pressure sodium lamp), LED 램프 등 다양한 광원이 거리조명을 위하여 사용되고 있다.

도로 조명은 사고를 줄이고 안전을 확보할 수 있는 큰 장점이 있다[4]. 하지만 도로 조명의 밝은 빛에서 어두운 빛으로의 순응에는 많은 시간이 필요하고 순응이 일어나는 사이에는 잘 볼 수 없는 위험이 있고, 또한 다른 차량을 인지하는데 있어서도 어두운 배경이면 더 잘 볼 수 있기 때문에 도로 조명으로 인한 단점들이 있기도 하다.

1.4 차량용 조명과 안전성

차량용 조명은 전조등과 같이 전방에 빛을 조사하여 시야를 확보하게 하며, 후미등과 같이 다른 차량들에게 현재 차량의 위치 및 움직임을 효과적으로 파악할 수 있도록 하며, 신호지시등과 같이 차량의 진행 방향에 대한 운전자의 의도 등을 제공함으로써 차량의 안전성을 확보하는데 중점을 두고 발전해 왔다. 차량 사고의 95% 이상이 차량 운전자의 잘못이고 이 중에 44%가 인지 오류로 인한 사고로 인한 것으로 분류된다[5]. 따라서 차량용 조명을 통하여 시인성을 확보하는 것은 매우 중요한 문제로 다루어지고 있다. 차량 전조등에서 cut-off 라인이 법규로 존재하는 이유도 운전자에게 시야를 최대한 확보하면서 상대방 차량에 눈부심을 최소화함으로써 상대방 차량에 대한 시인성도 보장하기 위하여 고안된 법규라 볼 수 있다. 최근에 주간 주행등(Daytime Running Lamp : DRL)의 경우에도 시인성을 확보하여 안정성을 높이기 위하여 법규화되었다고 볼 수 있다. 이와 같이 차량 조명은 다양한 부분에서 안정성을 확보하기 위하여 발전해 왔다.

1.5 도로 조명과 안전성

도로에 빛이 있어 밝으면 어두운 도로보다 안전하고 사고의 위험을 많이 줄일 수 있을 것이라고 쉽게 추정을 할 수 있다. 하지만 이러한 경향에 대하여 과학적으로 사고에 대한 통계 자료 등을 활용하여 보여주는 것은 쉬운 일이 아니다. 무엇보다 차량의 사고는 도로 조명 뿐 아니라 다른 많은 변수에 의하여 영향을 받기 때문에 단지 도로의 밝은 구간과 어두운 구간에서 일어나는 사고의 수를 비교하는 것과 같은 방법으로는 밝은 도로 조명이 사고를 줄일 수 있다는 것을 보여주는 것이 쉽지 않다[6].

Scott는 영국에서 균일한 밝기를 가지는 89곳의 지점에서 도로 노면의 밝기와 주간에 발생한 사고와 비교한 야간에 발생한 사고를 조사해 보았다[7]. 그림 1.2와 같이 도로 노면과 사고의 비율은 지수함수로 모델링이 가능하며, 밝기가 증가할수록 사고가 감소하는 경향성을 보여주었다. 하지만, 그림 1.2에서 보여주듯이 분산이 매우 커서 다른 요소에 의한 영향이 크게 나타남을 볼 수 있다.

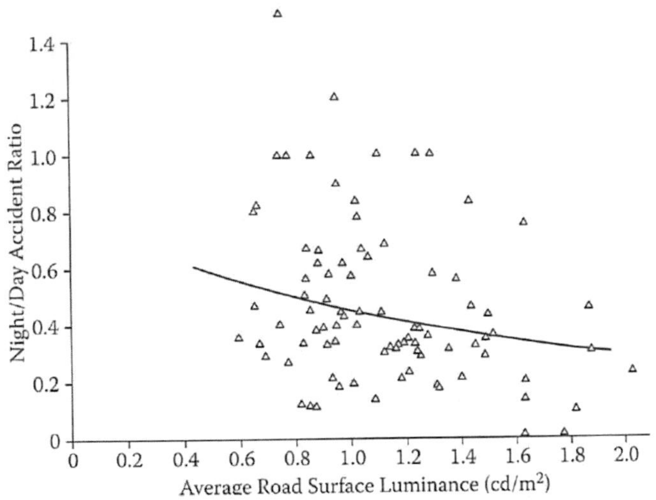

그림 1.2 도로 노면의 밝기와 야간/주간 사고 비율의 관계[7]

어떻게 하면 이러한 잡음에 해당하는 것을 줄이고 도로의 밝기와 사고와의 관계를 명확하게 보여줄 수 있을까? 이러한 잡음을 줄이려면 다른 조건은 거의 모두 동일하고 도로의 밝기만 차이가 있어야 한다. Sullivan과 Flannagan은 미국 각 주에서 일광 절약 시간제(Daytime saving)를 적용하기 전후의 9주간에 발생한 아침 및 저녁의 치명적인 사고의 횟수를 분석하였다[8]. 그림 1.3 (a)는 일광 절약 시간제로 인하여 아침시간이 당겨져서 이전의 동일한 시간에 비하여 1시간 가까이 더 어두운 시간이 되고 이에 따라 사고가 증가한 것을 보이고 있다. 이후에는 해 뜨는 시간이 점점 빨라짐으로 시간이 지남에 따라 사고가 감소하는 것을 보여주고 있다. 그림 1.3 (b)에서는 유사하게 저녁 시간에 사고 횟수를 비교한 것으로, 한 시간 앞으로 당겨짐에 따라 일광 절약 시간제가 적용되기 전보다 더 밝게 되며 이에 따라 사고가 크게 줄어드는 것을 보여주고 있다. 이를 통하여 빛의 양에 따라 치명적인 사고율이 크게 차이가 나는 것을 볼 수 있으며, 밝아지는 경우에는 사고가 감소하고 어두워지는 경우에는 사고가 크게 증가하는 것을 명확하게 볼 수 있다.

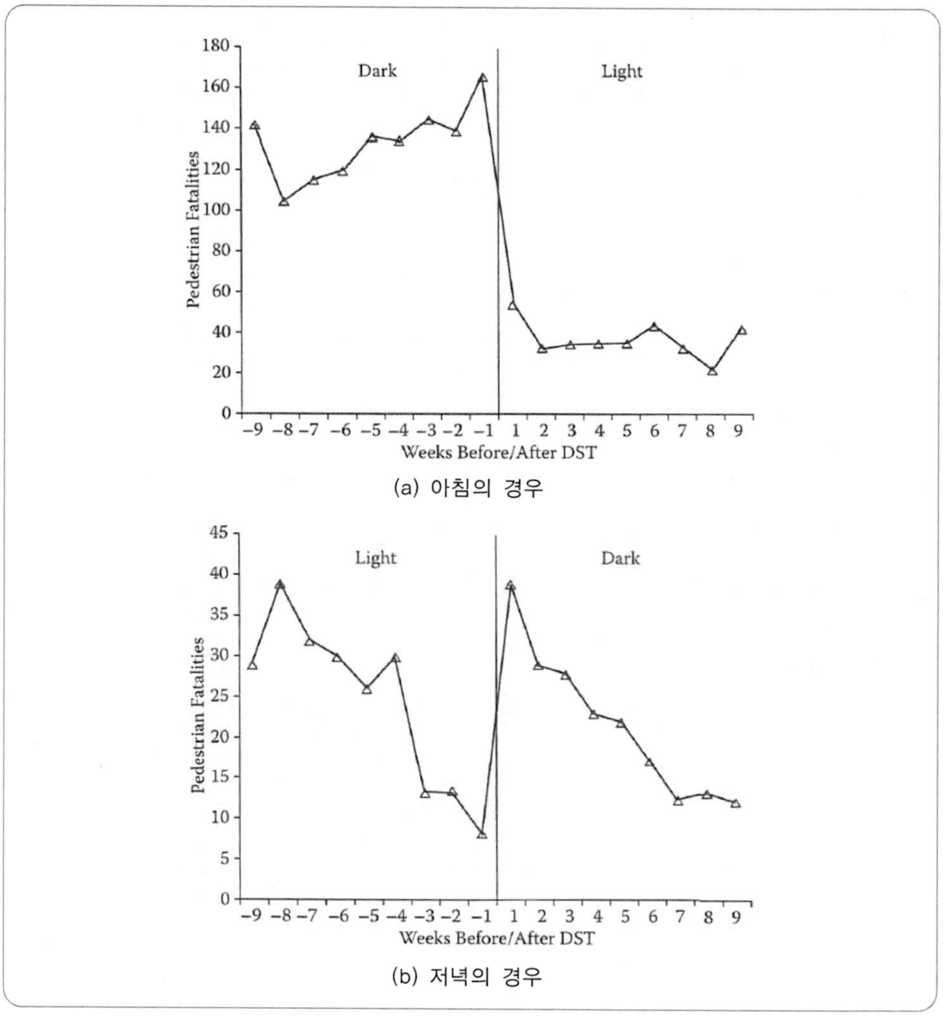

그림 1.3 일광 절약 시간제 적용 전후에 있어서의 치명적인 사고건수 [8]

1.6 차량용 조명과 도로 조명의 상호작용

도로 조명이 있게 되면 전조등과 같은 차량 조명만 있는 경우와는 시인성이나 눈부심에 있어서 차이를 보이게 된다. 도로 조명이나 차량 조명이 모두 운전자 앞에 있는 것이 잘 보이도록 만들어졌다. 도로 조명은 도로 표면에 빛을 비추어줌으로 도로 표면과 대비하여 테두리와 같은 윤곽선이 잘 보이도록 한다. 반면에 차량의 전조등은 도로 표면과 같은 면에 있는 물체보다는 보행자와 같이 도로 표면과 수직을 이루고 있는 면을 잘 보이도록 한다[9].

어떤 물체를 구별하여 볼 수 있다는 것은 그 물체와 배경의 대비가 사람의 눈에서 구별할 수 있는 임계값 이상이어야 한다. 물체를 구별하기 위한 시간적 공간적 임계값에 대해서는 5장에서 자세히 다루도록 한다. 이 대비 임계값은 물체의 크기에 따라 다르다. 물체의 시인성은 물체의 상대적인 밝기와 거리에 따라 달라진다. 따라서 도로 조명에 따라 도로 표면의 조도가 달라지면 도로에 있는 물체에 대한 시인성도 달라진다.

Bacelar는 이러한 도로 조명과 상향 전조등 및 하향 전조등의 상호작용에 의한 시인성에 대한 연구를 수행하여 도로 조명과 차량 조명의 상호작용 관계를 보여주었다[10]. 그의 실험은 하향 전조등의 경우에는 40 m 떨어져 있고, 상향 전조등의 경우에는 90 m 떨어져 있는 반사율 0.2인 20 cm × 20 cm의 표적에 대한 밝기 대비를 5 m 간격으로 측정하였다. 그림 1.4는 도로 조명만 있는 경우, 상향 전조등 및 하향 전조등에 있으면서 도로 조명이 있는 경우와 없는 경우에 대하여 실험을 수행한 시인성 결과를 보여준다. 실험 결과에 따르면, 도로 조명만 있는 경우보다는 상향 전조등이나 하향 전조등이 있는 경우에 시인성이 더 좋으며, 도로 조명과 전조등을 모두 켠 경우에 가로등에서의 거리에 따라서 상향 전조등 또는 하향 전조등만을 켠 경우보다 시인성이 떨어지는 결과를 보였다. 즉, 거리에 따라서 도로 조명과 전조등을 모두 켜면 물체를 인식하는 것이 더 어려워질 수 있다는 것이다.

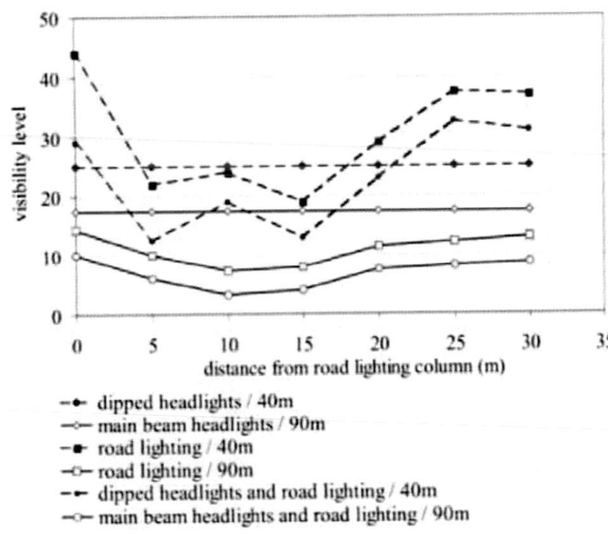

그림 1.4 차량 조명과 도로 조명에 따른 시인성[10]

chapter 01

자동차 조명과 인간의 시각특성

차량 조명과 도로 조명의 또 다른 상호작용으로 불능 눈부심(disability glare)이 있다. 불능 눈부심은 불쾌 눈부심(discomfort glare)과는 달리 실제 시각작업 수행에 영향을 미치는 눈부심 현상이다. 불능 눈부심의 경우에는 눈에 산란되는 빛이 망막에 맺히는 이미지의 휘도 대비에 영향을 미쳐 시인성에 차이를 주게 된다. Bacelar는 40 m 전방에 있는 표적에 대하여 하향 전조등에 따른 시인성을 평가하면서 도로 조명이 있는 경우와 없는 경우, 대응차가 한 대 또는 세 대 있는 경우에 대하여 추가적인 실험을 하였다. 이 실험을 통하여 도로 조명의 불능 눈부심을 줄이고 시인성을 향상시킬 수 있음을 보였다. 그림 1.5에서 실험 결과를 보여주며, 도로 조명이 있는 경우에 다른 경우보다 시인성이 높음을 볼 수 있다. 그림 1.5에서는 또한 한 대의 대응차와 비교하여 세 대의 대응차가 있는 경우에는 세 대의 대응차가 있는 경우에 시인성이 떨어짐을 확인할 수 있다.

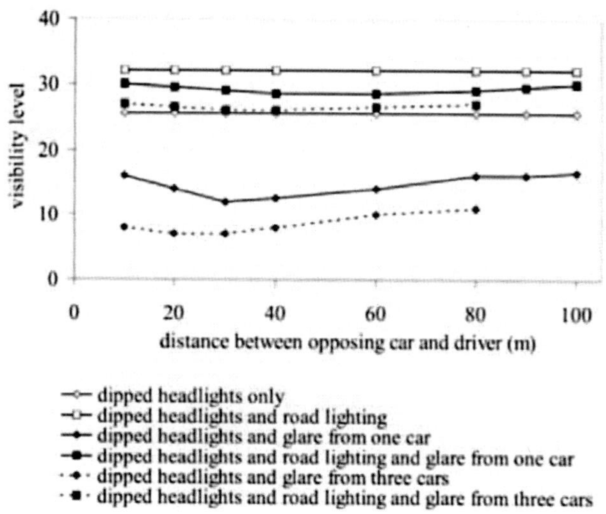

그림 1.5 차량 조명과 도로 조명에 따른 불능 글레어와 시인성

위의 연구들은 일정한 크기의 균일한 반사율을 가진 표적에 대한 실험으로 실제 전방 차량이나 보행자의 경우에는 대상이 균일한 밝기를 가지는 것도 아니기 때문에 이상적인 경우에 대하여 실험을 수행한 것이다. 하지만, 위의 실험결과가 시사하는 바는 실제 상황에서도 비슷한 시인성의 경향을 보일 수 있을 것으로 예상되며, 무엇보다는 이러한 연구 결과는 자동차의 배광 패턴이 도로 조명 여부에 따라서 달라져야 함을 보이고 있다.

1.7 안전성과 차량용 조명의 발전방향

차량용 조명의 발전에 있어 가장 중요한 요소는 차량용 조명을 통한 안전성의 확보에 있었다. 최근에 차량용 조명에 있어서 LED 광원을 사용하며 나오고 있는 메트릭스 빔(Matrix Beam) 전조등이나 픽셀 조명(Pixel Lighting)의 경우에도 궁극적으로 이루고자 하는 것은 상향등을 상시로 사용할 수 있도록 함으로 시인성을 극대화하고 전방 차량이나 대응차가 있을 경우에 그 차의 운전자가 눈부심으로 인한 시인성에 저하가 생기지 않도록 빛을 차단하는 기술을 개발하는 것이다. 픽셀 조명에서는 이를 좀 더 세분화해서 각 영역에 따라 다른 배광을 만들어 주고자 하는 것이다. 최근에 레이저를 차량용 전조등에 활용하려고 하는 연구들도 보다 먼 거리까지 빛을 조사함으로 가시영역을 더 많이 확보함으로 안전성을 높이기 위한 방안으로 볼 수 있다. 9장 전반부의 최신 자동차 조명 기술에 대한 설명에서 관련한 내용을 보다 자세히 다루도록 한다.

최근에 차량용 조명의 발전에 있어서는 안전성 뿐 아니라 심미성이나 편의성도 중요하게 다루어지고 있다. 특히, LED가 차량용 광원으로 사용되면서 다양한 자유도가 주어지면서 차량의 디자인 및 스타일과 밀접한 관계를 가지며 차량용 조명이 발전하고 있다. 또한 실내등에서는 편의성이 강조되고 있으며 다양한 제어 방법들도 연구되고 있다. 최근에 제시되고 있는 환영 등(Welcome Light)의 경우에는 차량에 탑승하거나 내릴 때 안전성을 확보하며, 또한 카펫을 걷는 것과 같은 심미성도 고려된 새로운 시도로 볼 수 있다. 9장 후반부에서 미래 차량용 조명에 대한 전망을 보다 자세히 다루도록 한다.

연습 문제

1.1 차량의 전조등에 사용된 광원 및 램프 모양이 어떻게 변해 왔는지 시간적 순서로 정리하고, 향후 전조등의 발전 방향에 대하여 논의하라.

1.2 적응형 전조등(AFSL)에서 시가지와 고속도로에서 배광 패턴에 어떤 차이가 있는지 살펴보고 도로 조명과의 차량 조명 간의 연관관계를 참조하여 시가지에서의 배광 패턴 변화에 대하여 설명하라.

참고 문헌

[1] http://www.eom.co.kr/3.engineering/2.elec/1.load/1.lighting/design%20for%20service %20area/street.htm

[2] https://en.wikipedia.org/wiki/Automotive_lighting

[3] https://en.wikipedia.org/wiki/Street_light

[4] Rea, M. S., J. D. Bullough, C. R. Fay, J. A. Brons, J. Van Derlofske and E. T. Donnell. (2009) Review of the Safety Benefits and Other Effects of Roadway Lighting, Transportation Research Board, Washington, DC.

[5] Hills, B. L. (1980) Vision, visibility and perception in driving, *Preception*, 9, 183-216.

[6] Boyce, P. R. (2009) *Lighting for Driving: Roads, Vehicles, Signs, and Signals*, Taylor & Ffrancis Group, LLC, CRC Press.

[7] Lamm, R., Kloeckner, J. H., and Choueiri, E. M. (1985) *Freeway Lighting and Traffic Safety: A Long Term Investigation*, TRB-1985-17, TRB Annual Meeting, Washington DC, Transportation Research Board.

[8] Sullivan, J. M. and Flannagan, M. J. (2002) The role of ambient light level in fatal craches: Inferences from daylight saving time transitions, *Accident Analysis and Prevention*, 34, 487-498.

[9] Wordenweber, B. , Wallaschek, J. , Boyce, P. and Hoffman, D. D. (2007) *Automtive Lighting and Human Vision*, New York, Springer.

[10] Bacelar, A. (2004) The contribution of vehicle lights in urban and peripheral environments, *Lighting Research and Technology*, 36, 69-78.

02 인간시각 특성에 대한 기본 이해

자동차 조명은 운전자를 포함한 인간시각 특성을 바탕으로 효과적으로 장애물을 파악하고 물체를 인지하기 위한 연구를 기초로 개발되고 있다. 또한 이러한 연구를 위해서는 인간시각의 생리학(physiology) 및 정신물리학적(psychophysics) 특성, 컬러 인식의 원리 등에 대한 이해가 필수적으로 요구된다. 본 장에서는 눈의 구조, 망막의 구조, 뇌에서의 인간시각 처리 경로, 순응(adaptation)에 대하여 다룬다. 또한 명소시(photopic vision), 암소시(scotopic vision)에 인간시각 특성 살펴봄으로 자동차 조명이 사용되는 환경에서의 인간 시각 특성을 보다 명확하게 이해할 수 있도록 한다.

2.1 눈의 구조

카메라에 대한 이해를 깊이하기 위해서는 카메라의 하드웨어 구조를 알고, 또 카메라에 사용되는 IC칩을 비롯한 소프트웨어 구조를 알면 많은 도움이 되듯이 인간 시각의 특성을 이해하기 위하여 우선 눈의 구조부터 살펴본다.

사람의 눈은 투명하게 앞으로 튀어나온 각막과 이와 연결된 공막으로 감싸져 있다. 각막은 안구를 보호하고 빛을 투과시키고 굴절시켜 망막에 도달하도록 한다. 각막 안에 홍채가 있으며, 이 홍채의 중앙에 나 있는 구멍을 동공이라고 한다. 동공은 빛의 밝기에 따라 크기를 조절하여 카메라의 조리개 역할을 한다. 홍채 안쪽으로 수정체가 있으며, 수정체와 연결된 근육의 수축/이완을 통하여 굴절률을 변화시켜 망막상에 초점이 맞추어지도록 한다. 그림 2.1은 거리에 따른 수정체의 모양 변화를 보여주고 있다.

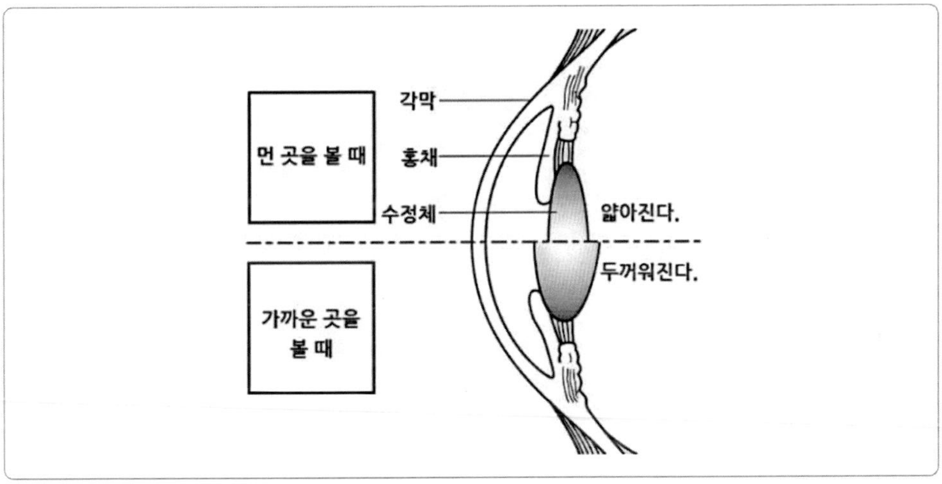

그림 2.1 물체와의 거리에 따른 수정체의 변화

눈의 크기는 성인의 경우 인종이나 성별에 관계없이 1~2 mm 정도의 차이만 보이고 일정하며, 모양은 거의 원에 가깝지만 수직거리가 수평거리보다 약간 짧으며, 수직거리는 24 mm이다. 안구는 만 3세가 되면 22.5~23 mm까지 커지며, 13세가 되면 거의 성인과 동일한 크기를 가진다[1].

2.2 망막의 구조

눈의 구조에 있어서 가장 중요한 부분이 망막으로, 망막은 시신경과 연결된 뇌세포의 일종으로 볼 수 있다. 동공을 통하여 들어온 빛이 망막에 맺히면, 그 망막에 있는 세포가 카메라의 필름과 같이 센서 역할을 해서 들어오는 빛을 감지하게 된다. 카메라의 센서 역할 뿐 아니라, 센서값을 영상처리하는 과정이 시작되는 단계이기도 하다.

망막은 위치에 따라 두께가 다른 얇은 투명한 막으로 위치에 따라 망막의 중심부는 중심와(fovea), 중심와부근, 중심와주위로 다시 나뉜다. 중심와는 임상적으로 황반이라고 불린다.

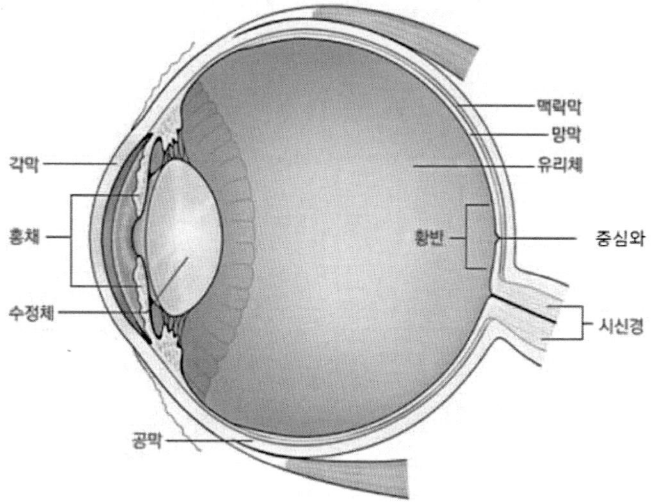

그림 2.2 눈의 구조

망막은 안구의 안쪽부터 바깥쪽으로 여러 개의 층으로 구성된다. 각각의 구성층은 속경계막, 신경섬유층, 속얼기층, 신경절세포층, 속핵층, 바깥얼기층, 바깥핵층, 바깥경계막, 광수용체층, 망막색소상피층이다. 이 중 빛을 감지하는 부분으로 광수용체(photoreceptor)가 있다.

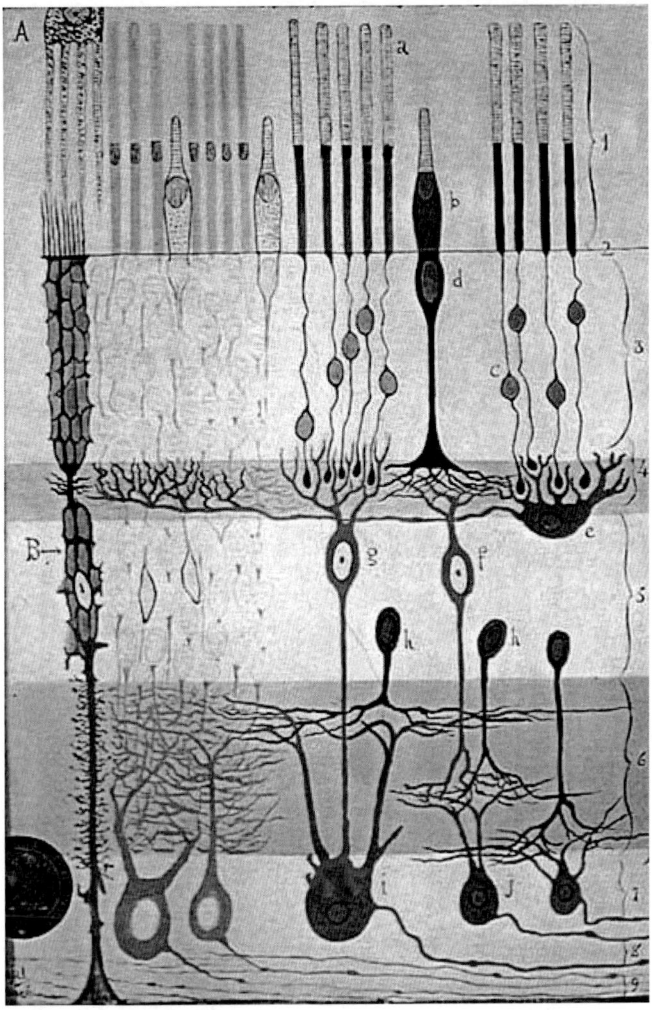

그림 2.3 망막의 구조 [2], 1.막대세포 및 원뿔세포, 2.바깥경계막, 3.바깥핵층, 4.바깥얼기층, 5.속핵층, 6.속얼기층, 7.신경절세포층(Ganglion cell layer), 8.광신경섬유층, 9.내부제한막

인간시각 시스템은 네 종류의 광수용체가 있으며, 각각의 수용체는 다른 종류의 광색소(photopigment)를 가지고 있다. 네 종류의 광수용체는 일반적으로 원뿔세포(cone cell)[1)]와 막대세포(rod cell)[2)] 의 두 가지 시세포로 분류된다. 모든 막대세포는 동일한 광색소를 가지고 있어서 동일한 파장 민감도를 가진다. 다른 세 가지는 모두 원뿔세포로서 각 세포들은 다른 광색소를 가지며 따라서 다른 파장 민감도를 가진다. 세 개의 원

1) 과거에는 원추 세포라고도 불렸다. 원뿔 모양의 세포모양에 따른 이름이다.
2) 과거에는 간상 세포라고도 불렸다. 막대 모양의 세포모양에 따른 이름이다.

뿔세포는 가장 민감도가 큰 파장역을 따라서 단파장(S), 중파장(M), 장파장(L) 원뿔 세포라고 불린다.

원뿔 세포와 막대 세포의 분포는 망막의 위치에 따라 다르게 나타난다. 원뿔세포는 중심와라고 불리는 시각 축이 있는 작은 영역에 집중되어 있으며, 망막의 다른 영역에는 밀도가 아주 낮다. 막대세포는 중심와에는 없으며, 시각 축에서 20° 벗어난 부분에서 밀도가 가장 높으며 그 부분을 벗어나면 서서히 떨어진다. 세 가지의 원뿔 세포의 분포가 망막에 동일한 것은 아니며, L과 M 원뿔세포는 중심와에 집중되어 있다가 중심에서 벗어나면서 급격히 감소한다. 반면에 S 원뿔세포는 중심와에는 거의 없으며 중심와를 벗어난 지점에서 최대 밀도를 보이다가 점점 줄어든다. 그림 2.4는 이러한 분포를 잘 보여준다[3]. 그림에서 보듯이 중심와에서 주변으로 벗어나면서 막대세포의 밀도가 커지는 것을 볼 수 있다. 중심와에 가까워 질수록 원뿔세포와 막대세포의 크기가 줄어드는 것을 볼 수 있으며, 원뿔세포의 밀도는 중심시에는 200배가량 높아진다. 이를 위하여 원뿔세포의 크기도 작아지며, 막대세포는 이 부분에서 존재하지 않게 된다.

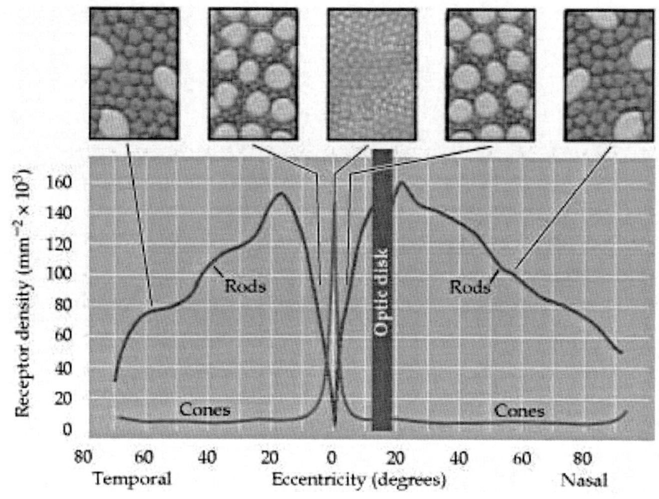

그림 2.4 망막에서 원뿔세포와 막대세포의 분포 밀도[3]

사람의 망막은 약 9천만 개 이상의 막대세포와 약 650만 개의 원뿔세포를 가지고 있어서 막대세포의 수가 훨씬 많다. 그러나 지름 1.2 mm의 중심와부분에서는 망막에서 다른 어느 곳보다 높은 밀도를 가지며, 이러한 중심와 부분의 높은 밀도로 인하여 시각 정밀도(visual acuity)를 가진다. 이러한 좁은 영역에 높은 시각 정밀도를 가진 영역이 존재하기 때문에 인간의 시각은 끊임없이 움직이며 관찰하게 된다. 인간시각의 움직임 및 시공간 정밀도는 3장에서 다루도록 한다.

망막에는 광수용체 (photo-receptor) 연결부위가 직접적으로 양극세포(bipolar cell)와 연결되고 양극세포는 이어서 신경절세포(ganglion cell)와 연결되고 이것은 뇌의 활동전위 (action potential)와 연결된다. 많은 양의 시각 처리가 망막에 있는 뉴런(신경단위)들 사이의 연결 패턴들 사이에 일어난다. 1억 3천개 이상의 광수용체 빛을 흡수하지만, 그 중에 120만개의 신경절세포 축색돌기가 망막으로부터 뇌로 정보를 전달한다.

하나의 신경절 수용장(ganglion receptive field)은 항상 다수의 광수용체의 활동을 나타낸다. 심지어 막대세포 뿐 아니라 다른 종류의 원뿔세포로부터의 입력을 반영한다. 이 수용장은 시각정보 처리의 최소 단위라고 할 수 있다. 이러한 신경절세포는 미짓(midget)이라고 불리는 M세포와 다른 하나는 파라솔(parasol)이라고 불리는 P세포가 전체의 70%를 차지한다. M세포는 큰 중심-주변(center-surround) 수용장으로 깊이와 컬러 차이에 민감하고 자극에 빨리 반응하는 특징이 있다. P세포는 작은 중심-주변 수용장으로 컬러와 모양에 민감하다. 이 외에도 K세포는 중심만 있는 수용장으로 컬러에 민감하고, 모양 및 깊이에는 민감하지 않다. 그 외에 다른 몇 가지 종류들이 있다.

M세포와 P세포에 대하여 중요한 차이점을 살펴보면, 먼저 M세포의 축삭돌기가 P세포의 축삭돌기보다 훨씬 두껍다. 이것이 의미하는 것은 신호가 M세포에서 P세포보다 더 빠르게 전달된다는 것이다. 전체적으로 P세포가 M세포보다 많으며, P세포는 중심와와 그 주변에 밀집되어 있고, M세포는 주변에 많이 분포한다. M세포는 빠른 변화 및 밝기 차이에 민감하게 반응하고 P세포는 작은 영역의 빛과 컬러에 민감하다.

2.3 뇌에서의 시각정보 처리

시각 기관(visual system)은 시각을 담당하는 중추신경계(central neuvous system)의 일부로 다양한 시각 처리와 함께 일부 비시각적 기능을 제공하는 기관이다. 이 기관은 가시광선을 받아 몸을 둘러싼 환경의 이미지를 형성한다. 시각 기관은 빛의 감지, 단일 영상의 형성, 2차원 형상의 깊이 및 간격 지각, 물체의 파악 및 분류, 신체 동작 인도 등 여러 가지 복잡한 기능을 수행한다. 이러한 정보들에 대한 심리학적 처리를 시각인지(visual perception)라고 한다. 비시각적 기능으로 동공반응(pupillary light reflex)과 생체리듬 동기화(circadian photoentrainment) 등이 있다.

두 눈을 떠난 시각신경(optic nerve)은 시각교차(optic chiasm)에서 합쳐진 다음, 재정리되어 외측슬상핵(lateral geniculate nucleus)이라고 불리우는 LGN으로 확장된다. 눈을 떠나 LGN에 도착하기 전에 일부 시각신경은 뇌간(brain stem) 상단에 있으며 눈 움직임을 조절하는 것을 맡고 있는 위둔턱(superior colliculus)으로 우회한다. LGN을 지난 두 개의 시각 신경들은 흩어져서 시각을 처리하는 뇌의 한 부분인 시각피질(visual cortex)의 다양한 부분에 정보를 전달한다.

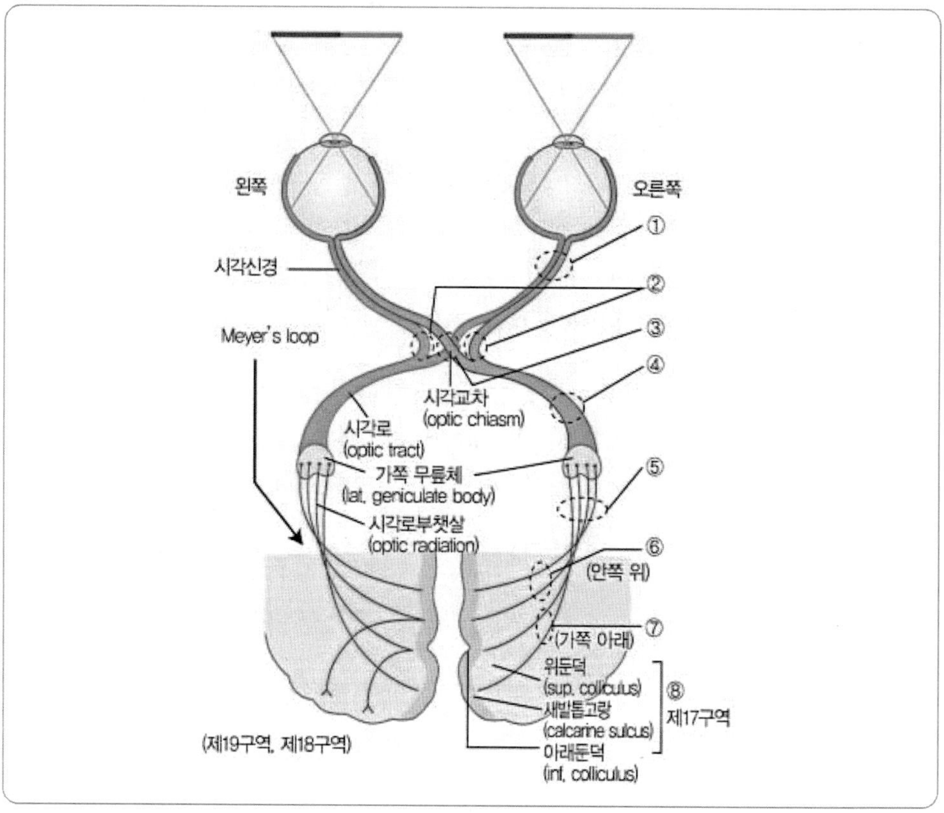

그림 2.5 시각정보 전달 경로 [4]

시교차부분에서 각 눈으로부터 온 시각신경은 나누어져서 양쪽 눈에서 동일한 면에서 온 시각신경이 결합된다. 이러한 배치는 두 눈의 동일한 면에서 온 신호를 동시에 받아서 시각피질에 동일한 면으로 전달되도록 한다.

두 눈의 같은 면에 신호들이 시각교차를 지나 LGN으로 전달된다. 해부학적으로 LGN

은 여섯 개의 구별된 층으로 구성되어 있다. 이 층 중에 두 개의 층은 거대세포(magnocellular)라 불리는 M세포층와 네 개의 층은 소세포(parvocellular)라 불리우는 P세포층으로 나누어진다. 여기서 M세포층은 망막의 P세포와 연결되고, P세포층은 망막의 M세포와 연결된다.

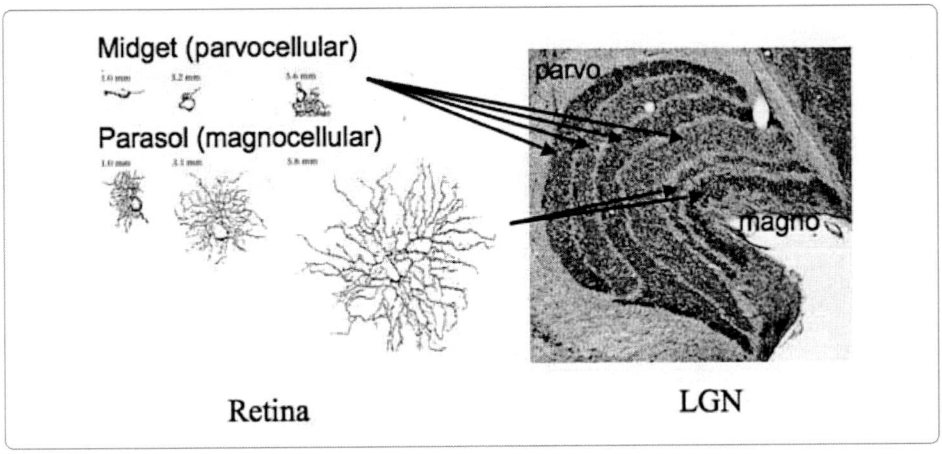

그림 2.6 LGN의 세포층 [5]

M세포는 거리와 움직임을 감지하여 처리하게 되어 있으며, 세포의 크기가 크기 주변시 부분에 넓게 퍼져 있는 부분과 연결된다. 수용체가 크고 작은 신호에 대해서도 보다 민감하게 반응하게 된다. P세포는 컬러와 경계부분에 민감하게 반응하여 처리하며, M세포에 비하여 그 크기가 작으며 중심시 부분에 밀집되어 연결되어 있다.

LGN을 지나 퍼져나가는 두 개의 시신경 다발은 시각 피질의 다양한 부분과 연결되어 정보를 제공하게 된다. 시각 피질은 대뇌 반구 뒤쪽에 위치해 있다. 이 시각피질은 수백만 개의 세포로 이루어져 있으며 복잡해 보이지만 망막이나 LGN과 밀접한 관계를 유지한다. 각 시각세포는 망막의 일정부분에서만 신호를 받아들여 반응을 한다. 피질세포의 80% 이상이 시야각 10° 범위 안에 할당되어 있어서, 중심시의 중요성을 볼 수 있다.

시각피질은 뇌에서 가장 큰 영역을 차지하며 시각 이미지의 처리를 담당하고 있다. LGN으로부터 정보를 받는 부분을 일차 시각 피질(primary visual cortex) 또는 V1이라고 불리운다. 시각 정보는 이후에 피질 계층구조를 따라, V2, V3, V4, V5/MT 영역으로 연결되어 처리되게 된다. V1과 V2에서는 가장 간단한 시각정보처리 세포들이 있으며, 다른 방향성을 가지는 반응 세포들이 있고, 이들의 조합에 의하여 경계(edge)를 구분해 낸다. 컬러와 동작 정보도 시각 피질 계층구조를 따라 처리되게 된다.

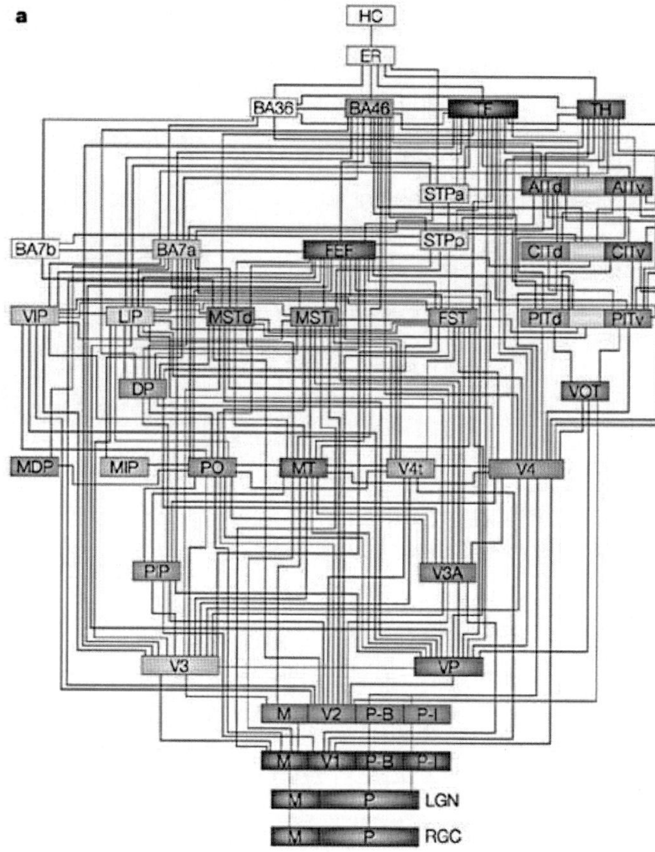

그림 2.7 해부학적으로 본 시각 피질에서의 계층적 시각 정보 처리 구조

2.4 색채 지각

인간의 색채 지각(color perception)은 크게 삼원색 이론과 대립과정 이론으로 설명된다. 역사적으로, 19세기에 접어들면서 색채의 기본 요소가 무엇인가에 대한 기존의 다소 철학적인 접근에서 벗어나 인간의 색채지각에 대한 과학적인 연구가 시작되었다. 이전부터 몇몇 사람들에 의해 세 가지의 원색이 존재한다는 주장이 있었지만, 그러한 생각

을 확립시킨 사람은 영국의 물리학자이며 의사였던 Thomas Young이었다. 그는 George Palmer(1777)의 가설, 즉 '인간의 망막표면은 세 가지의 광선에 의해 움직이는 세 가지 다른 종류의 분자들로 이루어져있다'는 주장을 지지하였다. 하지만 그는 한 걸음 더 나아가 눈에는 별개의 신경섬유집단들이 있으며, 스펙트럼의 상이한 부분에 대한 인상을 받아들이거나 구별하고자 할 때 망막 상의 특정 지점에 떨어지는, 세 가지의 주요 순수색(principal pure colors)에 의해서만 흥분되는 세 가지 다른 감각이 존재할 것이라고 보았다. 하지만 그와 같은 감각을 일으키는 세 가지 기초요소(primitives)가 빨강(red), 초록(green), 보라(violet)라고 생각했던 Young의 견해는 이전 세기의 학자들이나 화가들이 생각했던 원색들과는 다른 것이어서, 그 문제가 나중에 Maxwell과 Helmholtz에 의해 해결될 때까지 정확한 원색이 무엇인지에 관한 혼란은 계속되었다[6].

색채지각에 관한 연구가 크게 발전하게 된 것은 정신물리학적인 연구 성과에 힘입은 바가 크다. 그 당시, 정신물리학(psychophysics)은 물리적인 자극과 인간의 감각간의 관계를 연구하고자 새롭게 태동한 학문이었다. 독일의 물리학자였던 Gustav T. Fechner는 감각에 필요한 최소한의 자극에너지인 절대역(absolute threshold)을 다양한 방법으로 측정함으로써 물리적 자극과 감각 경험 간의 관계를 탐구하였고, 상이한 자극에 의해 유발되는 두 감각의 최소가지차이(just noticeable difference; JND), 즉 차이역(differential threshold)에 관한 Ernst H. Weber의 연구에 기초하여 자극강도의 변화와 차이역 사이에 일정한 관계가 존재한다는 사실을 발견하였고, 그것을 Weber의 법칙이라고 불렀다. 그는 또한 차이역과 자극 강도 사이의 대응관계를 절대역으로부터 일정한 크기로 계량화함으로써 감각크기(sensation magnitude) 척도를 만들기도 하였다. 정신물리학자들에 의해 확립된 인간 감각과 관련된 다양한 정신물리학적 법칙들과 측정결과들은 인간의 색채감각에 관한 연구를 가속화시켰다.

그 중에서도 생리학, 광학, 전기역학, 수학 등의 많은 분야에서 중요한 업적을 남겼던 독일의 정신물리학자 Hermann von Helmholtz(1852)는 가법 혼색(additive color mixture)과 감법 혼색(subtractive color mixture)의 차이를 규명하였다. 그리고 그는 세 가지의 근본적인 감각질, 즉 삼원색이 있다는 Young의 이론을 비판하면서 원색들의 적절한 혼합비율에 의해 스펙트럼의 전 영역을 나타내기 위해서는 최소한 다섯 개의 색, 즉 빨강(red), 노랑(yellow), 초록(green), 파랑(blue), 보라(violet)가 있어야 한다고 주장하였다. Helmholtz의 그와 같은 생각은 Young의 삼원색 이론을 좀 더 발전시킨 것이었지만, 결국 두 사람의 생각은 색채지각이 상이한 스펙트럼 민감도를 갖는 세 개의 수용기 기제에 의해 이루어진다는 것으로 수렴되었고, 'Young-Helmholtz의 색채시 이론(Young-Helmholtz theory of color vision)'으로 알려지게 되었다.

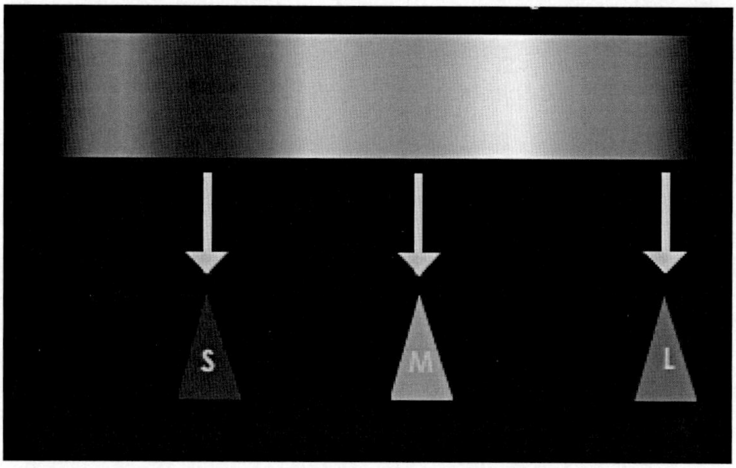

그림 2.8 삼원색 이론의 설명 도식

흔히 삼원색 이론(trichromatic color theory)으로 더 많이 알려져 있는 Young-Helmholtz의 이론을 현대의 신경생리학적 관점에서 보면, 색채 감각은 망막에 있는 세 종류의 탐지기, 즉 원뿔체(cones)의 광수용기(photoreceptors)가 야기하는 신경 활동의 결과이며, 그것들은 각각 상이한 광파장에 대해 뚜렷이 구별되는 민감도 패턴을 보인다고 한다. 예컨대, S-원뿔체은 단파장의 파란 빛에 가장 잘 반응하지만, 노란 빛이나 빨간 빛에는 잘 반응하지 않는다. 반면에, M-원뿔체는 중파장의 빛에 가장 잘 반응하고, L-원뿔체는 장파장의 빛에 가장 잘 반응한다. 그러나 세 종류의 원뿔체가 정해진 범위의 파장에만 반응하는 것이 아니며, 전체 스펙트럼 상에서 특정 파장에 민감하게 반응하면서도 상당 부분 중첩되는 반응 특성을 보인다.

삼원색이론은 색 맞추기(color matching) 실험에서 관찰자가 몇 개의 단색광을 혼합하여 다른 단색광의 색상과 같아 보이도록 만들 때 최소한 세 개의 단색광이 필요하다는 사실을 확인함으로써, 스펙트럼의 모든 파장을 지각하는 데도 세 가지의 수용기가 필요함을 잘 설명해 주었다. 그러한 사실은 나중에 반사 밀도측정법(reflection densitometry)이나 미세분광측정법(microspectrometry)과 같은 신경생리학적 기법들에 의해서 정상적인 색채시각을 가진 사람들의 망막에 세 종류의 다른 원뿔체가 존재한다는 것이 확인됨으로써 지지되었다[8]. 반사 밀도측정법이란 망막에 직접 빛을 비추어 파장에 따른 흡수율의 변화를 기록하는 것이고, 미세분광측정법이란 단일 원추체에 빛을 통과시키면서 파장에 따른 전달 변화를 이용하여 원추체의 파장별 흡수율을 계산하거나 전기적 반응 변화를 기록하는 것으로, 이 두 가지 방법은 원추체의 분광 민감도를 측정하는 대표적인 기법이다.

한편, 독일의 수학자였던 Hermann G. Grassman(1853)은 순전히 논리적 사고에 기초하여, Newton의 혼합색(compound colors) 이론이 옳다면 어떤 지각된 색이라도 적절히 배합된 세 개의 색채 자극으로 맞출(match) 수 있어야 함을 확인시켜 주었다. 그러한 색들은 Palmer나 Young이 가정했던 세 가지 감각기(sensors)의 민감도와 관련된 것으로, Grassman은 결국 스펙트럼 상의 어떤 색이 백색광이 되기 위해서는 다른 두 색의 적절한 혼합 비율로 이루어진 보색(complementary color)이 있어야 한다는 것을 보여주었다[6]. Grassman의 그와 같은 직관적인 접근은 세 가지 다른 속성을 가진 색채시 과정의 존재를 지지하였고, 가산 색 혼합이 어떻게 수학적으로 다루어질 수 있는지를 보여주는 것이었다[9].

회전하는 색원반(color disk)에 의한 색혼합 실험을 통해 색채 요소의 규명을 시도했던 James Clerk Maxwell(1857)은 세 가지 요소색(elementary colors)인 빨강, 초록, 파랑을 적절한 비율로 혼합함으로써 모든 색이 만들어 질 수 있음을 보여주었다. 그는 그러한 사실을 이론적으로 설명하기 위해 'Maxwell의 색 삼각형(color triangle)'이라고 불리는 색채공간모형을 제시하였는데, 그것은 빛의 가산혼합을 설명하는 기초가 되었다. 그의 색채공간모형에서 백색광은 삼각형의 중심에 위치하고, 그것으로부터 삼각형의 주변으로 뻗은 방사상의 선들(radial lines)로 연결된 색환(color circle)은 프리즘으로 분해된 빛을 나타낸다.

이처럼 Young, Helmholtz, Grassman, Maxwell 등에 의해 삼원색이론이 발전되었지만, 그것으로는 설명할 수 없는 여러 가지 지각적 현상들이 발견되면서 새로운 이론의 필요성이 대두되었다. 그리하여 Ewald Hering(1878)은 잔상(afterimages)이나 동시 색대비(simultaneous color contrast), 그리고 색채시 결함(color vision deficiencies)과 같은, 주로 현상학적 관찰에 기초하여 색채시의 대립과정이론(opponent process theory of color vision)을 제안하였다. 잔상이란 특정 색을 일정시간 이상 응시할 경우, 대립과정에 의해 그것과 대립되는 색의 잔상이 생성되는 현상으로, 빨강과 초록, 노랑과 파랑이 서로 반대되는 잔상을 생성하게 된다. 동시 색대비는 어떤 색이 그것을 둘러싸고 있는 색 때문에 원래와는 다르게 보이는 현상으로, 명도 대비(brightness contrast)와 유사한 신경기제, 즉 대립과정의 어느 한 색에 의해 활성화된 망막신경원들이 인접한 신경원들의 반응을 억제함으로서 발생하게 된다[10]. 예컨대, 초록으로 둘러싸인 흰색은 초록에 의해 활성화된 망막신경원들의 억제 작용으로 인해 초록의 대립색인 빨강으로 보이게 되는 것이다. 특히, 동시 색대비와 같은 현상은 우리가 지각하는 색이라는 것이 특정 표면의 색에 의해 활성화되는 원뿔체의 반응뿐만 아니라 그 주변의 색에 대한 원뿔체의 반응, 즉 대립과정에도 의존함을 보여주는 예이다[11]. 이는 결국 색채 지각이 세 가지 수용기의 반응에 의존한다는 삼원색이론만으로는 색채와 관련하여 우리가 경험하는 현상들을 제대로 설명할 수 없음을 의미한다.

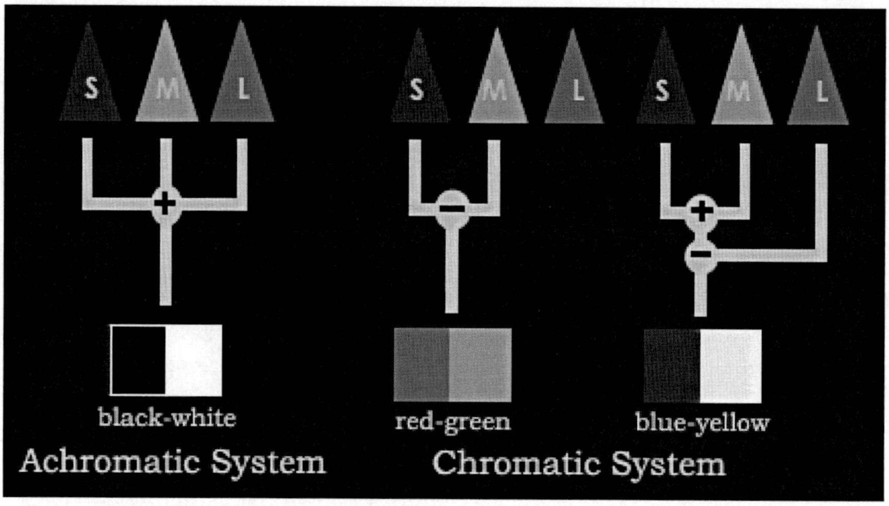

그림 2.9 대립과정이론의 설명 도식

Hering의 관찰 중에는 빨강에 대해 색맹(color blind)인 사람들이 대체로 초록에 대해서도 색맹이라는 사실도 포함되었다. 그와 같은 색채시 결함을 일반적으로 적록(red-green) 색맹이라고 하는데, 그것은 빨강과 초록에 대한 감각이 하나의 기제에 의해 이루어짐을 짐작케 하는 현상이다. 드물기는 하지만 파랑과 노랑을 동시에 보지 못하는 경우도 있다. Hering으로서는 당시에 그 원인에 대한 명확한 해답을 찾을 수는 없었지만, 그러한 관찰은 빨강과 초록, 파랑과 노랑이 서로 대립되는 쌍을 이루면서 색채 감각에 관여할 것이라는 Hering의 생각에 힘을 실어 주었다.

대립과정이론에 따르면, 색채감각은 빨강-초록, 노랑-파랑, 검정-하양의 대립쌍의 요소 감각이 합성된 것이며, 각 대립쌍 간에는 보색관계가 성립된다. 그리고 대립쌍을 이루는 각 색에는 다른 색들이 전혀 섞여 보이지 않는다. Hering은 네 가지의 원색 감각

(primary hue sensation)이 존재함을 보여주는 어떤 관계가 이들 대립되는 색 사이에 존재한다고 주장했다. 예컨대, 파랑은 초록이나 빨강과는 지각적으로 혼합될 수 있다. 따라서 어떤 파장은 순수하게 파랑이고, 다른 파장들은 초록-파랑(green-blue)이나 빨강-파랑(red-blue)로 보일 수 있다. 그러나 파랑과 노랑은 지각적으로 혼합될 수 없다. 즉, 노랑-파랑(yellow-blue)으로 보이는 빛은 존재할 수 없는 것이다. 마찬가지로 초록은 노랑이나 파랑과 지각적으로 혼합될 수 있지만, 빨강과는 혼합될 수 없다. 이와 같은 지각적인 관계를 설명하기 위해 Hering은 노랑과 파랑이 하나의 생리적 과정의 대립적 표현이라고 가정했고, 동일하게 초록과 빨강은 다른 생리적 과정의 대립 양상이라고 했다. 그러므로 어떤 빛에 대한 색채 감각은 그것이 두 과정에 어떻게 영향을 주느냐에 달려있다[12]. Hering은 자신이 가정한 대립과정을 도식적으로 설명하기 위하여 네 개의 대립색으로 이루어진 색상환(color circle)을 제시하였다(그림 2.10).

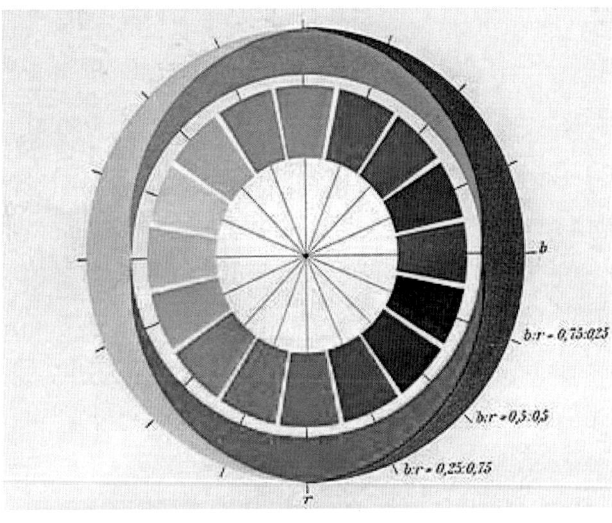

그림 2.10 Hering의 색상환

한편, Hering은 대립과정을 생리적인 수준에서 설명하기 위하여 망막에 있는 감각수용기들이 상이한 강도나 파장을 가진 빛에 대해 길항적인(antagonistic)방식으로 반응한다고 주장하면서 세 가지의 대립과정기제를 제안하였다. 예컨대, Black(-)White(+)기제는 밝은 빛에 대해 정적으로 반응하고 빛이 없으면 부적으로 반응한다. Red(+)Green(-)기제는 빨강에는 정적으로 반응하고 초록에는 부적으로 반응하며, Blue(-)Yellow(+)기제는 파랑에는 부적으로 반응하고 노랑에는 정적으로 반응한다. 그는 정적 반응과 부적 반응이 망막에 있는 시각물질(visual substance)의 동화(assimilation)와 이화(dissimilation)에 의해 일어난다고 생각하였다. 즉 하양, 노랑, 빨강은 시각물질의 동화를 야기하는 반응을 일으키고, 검정, 초록, 파랑은 그러한 시각물질의 이화를 야기하는 반응을 일으킨다는 것이다[13]. 비록 그의 그러한 생각이 틀린 것으로 밝혀졌지만, 현대의 생리학적 연구들은 그러한 색들이 생리적으로 대립적인 반응을 야기한다는 것을 보여주었다[14].

이처럼 Hering에 의해 처음으로 형식화된 대립과정이론은 1950년대에 들어와 Hurvich와 Jameson의 연구에 의해 더욱 정교화 되면서 색상을 구분하는 체계로서 확고한 자리를 잡게 되었다. 그들의 주장은 직교적인 색상차원, 즉 Red-Green 차원과 Yellow-Blue 차원을 구성하기 위해서는 대립쌍을 이루는 네 개의 고유색(unique hues) 감각이 존재한다는 것이었다[15]. 다시 말해, Hering의 대립과정에서 고유색 빨강과 초록은 노랑-파랑 대립과정이 평형(equilibrium)인 상태에서 빨강-초록 대립과정이 어느 한 쪽으로 극화되었을(polarized) 때 보게 되는 색이다. 마찬가지로 고유색 노랑과 파랑은 빨강-초록 대립과정이 평형상태를 이루고 있는 상황에서 노랑-파랑 대립과정이 어느 한 쪽으로 극화되었을 때 볼 수 있다.

우리는 정상적인 관찰조건하에서 대립쌍의 두 성분이 혼합된 것을 경험할 수 없다. 예컨대, 우리는 빨간 초록(reddish green)이나 노란 파랑(yellowish blue)을 볼 수 없는 것이다. 어떠한 색도 완전하게 빨간색이면서 초록색일 수 없으며, 마찬가지로 동시에 노란색이면서 파란색은 존재하지 않는다. 다시 말해, 빨강과 초록, 노랑과 파랑은 상호배타적인(mutually exclusive) 색인 것이다[16]. 그러나 고유색이 아닌 색들, 즉 중간색들의 경우는 상이한 대립과정에 속하는 고유색들의 결합에 의해 지각될 수 있다. 즉 대부분의 관찰자들은 주황(orange)이나 시안(cyan)처럼 고유색이 아닌 색상들의 경우, 두 개의 고유색이 질적으로 관여하는 것으로 판단한다. Hering은 고유색과 그것들의 결합에 의해 지각되는 중간색이 어떻게 지각될 수 있는지를 자신이 제시한 색상환에 근거하여 설명하였다.

고유색의 상호배타적인 속성은 일반적으로 색의 3속성(색상, 채도, 명도)을 3차원적인 공간으로 나타내는 색입체(color solid)에서도 잘 나타난다. 특히, 색입체의 한 차원을 구성하는 색상환(hue circle)은 Hering의 대립과정이론이 예언했듯이 고유색인 빨강, 노랑, 초록, 파랑과 그것들의 조합에 의해 모든 색상이 어떻게 기술될 수 있는지를 잘 보여준다. 수직축을 중심으로 주위의 평면적인 배열로 이루어진 색상환은 직교하는 두 개의 축을 포함하는데, 그것은 길항적이거나 대립적인 관계를 나타내는 빨강과 초록,

노랑과 파랑으로 이루어진 축이다. 이 때 하나의 축 상에서 대립쌍을 이루는 색들이 바로 고유색이며, 그것들은 서로 배타적인 관계를 가지기 때문에 결코 결합할 수 없는 색들이다. 그러나 다른 축에 속하는 고유색들끼리는 결합할 수 있으며, 그것들의 결합에 의해서 이중색 내지 중간색들이 만들어 지는 것이다.

다시 말해, 기본적으로 연속적인 변화의 차원이라고 할 수 있는 색상차원에는 네 개의 심리적 요소색으로서 다른 색상이 섞여 보이지 않는 고유한 네 개의 색상위치가 존재하며, 다른 모든 색상은 이 네 개의 고유색이 결합된 것으로 볼 수 있다는 것이다. 따라서 고유색에 기초한 색채공간에서 색상차원은 네 개 영역으로 유목화 되어(categorized) 있다고 할 수도 있다[17]. 이와 같은 Hering의 고유색 개념과 색입체의 특성을 잘 반영한 색채공간체계(color space system)가 바로 CIE Lab 색채공간과 NCS(Natural Color System) 체계이다. CIE Lab 색채공간은 1976년에 CIE(Commission Internationale de l'Éclairage; 국제조명위원회)가 색차(color difference) 측정을 위한 국제적인 기준을 마련하기 위하여 제시한 이론적인 색채공간모형으로, Lab 색채공간에서 L축은 명도를, a축과 b축은 각각 Red-Green과 Yellow-Blue 대립과정에 기초한 색상을 나타낸다[8].

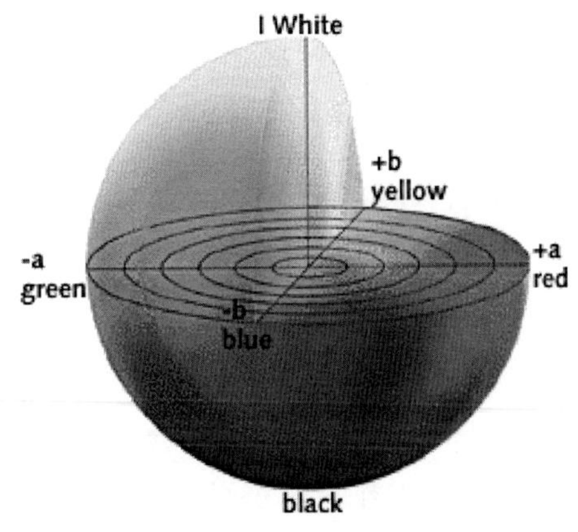

그림 2.11 CIE Lab 색채공간모형

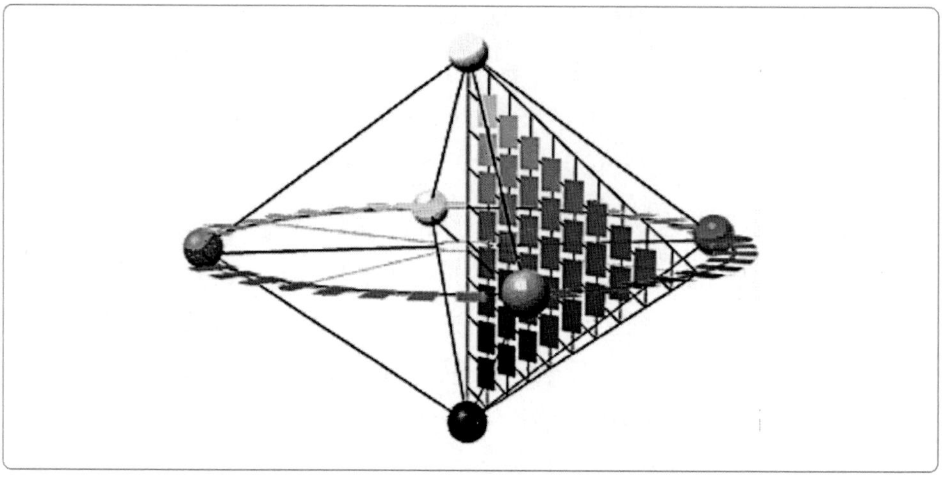

그림 2.12 NCS 색채공간모형

NCS 체계는 1981년에 스웨덴 색채연구소에서 개발한 색채서열체계(color order system)로, Hering은 대립과정에 기초한 자신의 색채분류체계를 자연색체계(natural color system)이라고 불렀는데, 그것에 기초한 색채공간체계가 바로 NCS 체계인 것이다. NCS 체계에서도 각 고유색은 90°의 간격을 유지하도록 배열되어 있고, 대립쌍을 이루는 두 고유색은 180°의 각도로 서로 마주보도록 위치하고 있다[19]. NCS 체계는 오늘날 전 세계적으로 널리 보급되어 다양한 분야에서 광범위하게 사용되고 있다.

Hering의 대립과정이론은 인간의 색채시가 어떻게 이루어지는 지에 관해 우리가 가지고 있는 개념의 근간이 되고 있다. 그러나 Hering이 처음 대립과정이론을 내놓았을 때만 해도 그의 이론에 주의를 기울인 사람은 거의 없었다. 왜냐하면, 주로 직관적인 관찰에 의존했던 그의 이론이 당시의 지배적인 입장이었던 삼원색이론에 맞설만한 객관적인 근거를 제시하지 못하였고, 내적 신경활동이 흥분과 억제를 모두 보인다는 그의 생각이 당시로서는 받아들이기 어려운 것이었기 때문이다. 그와 같이 오랫동안 사람들로부터 관심을 받지 못하였던 Hering의 이론이 다시금 주목을 받게 된 것은 1950년대에 접어들면서 대립과정을 지지하는 다양한 신경생리학적·정신물리학적 연구결과들이 제시되면서부터였다.

Svaetichin(1956)은 파장-의존적(wavelength-dependent) 대립반응, 즉 상이한 빛의 파장이 서로 반대되는 신경 반응을 야기한다는 사실을 보여주는 신경생리학적 증거를 처음으로 제시하였다. 그는 하등동물인 어류의 망막에 미세전극(electrode)을 삽입하여 빛의 파장에 따라 발생되는 부적 또는 정적 전위(탈분극 또는 과분극)반응을 기록함으로써 길항적인 대립과정기제가 망막수준에 존재한다는 것이 확인하였다. 후속된 실험들에서 그가 실제로 기록한 것은 망막의 첫 번째 시냅스 층에 위치한 수평세포(horizontal cells)라는 것이 밝혀졌다.

그러나 인간의 색채지각과정을 이해하는 데에 결정적인 기여를 한 것은 De Valois와 그의 동료들이었다. 그들은 인간과 유사한 색채시를 가진 원숭이의 LGN에서 스펙트럼의 한쪽 끝의 빛에 대해서는 신경흥분이 증가하지만 다른 쪽 끝의 빛에 대해서는 오히려 자발적 활동이 억제되는 방식으로 반응하는 세포들을 발견하였다[19-24]. 대립세포(opponent cells)라고 불리는 이들 세포들은 빛의 파장에 대해 상이한 반응특성을 보이는 세포들로, 그것들은 다시 동일한 자극에 대하여 상반된 작용을 하는 세 가지 유형의 세포들로 구분되었다. 그 중 하나는 가시광선의 모든 범위에 대해서 반응을 보이는 세포(W-B세포)들이었고, 나머지 둘은 특정 파장범위에 대해서만 변별적으로 반응하는 세포들(R-G세포, Y-B세포)이었다[22-23, 25]. 예컨대, 450 nm의 빛에 대해서는 발화율이 증가하는 B+Y-세포가 580 nm의 빛에 대해서는 자발적 활동이 억제되고, 510 nm의 빛에 대해 발화율의 증가를 보이는 G+R-세포가 660 nm의 빛에 대해서는 발화율의 감소를 보인다. 후속된 연구들에서는 비슷한 유형의 대립세포가 원숭이의 선조피질(striate cortex) 수준에서도 발견되었다[26-27].

Hering도 관찰하였듯이 색채시 결함(color deficiency)과 관련된 신경생리학적 증거들도 대립과정이 색채감각에 관여한다는 것을 잘 보여주었다. 한 종류의 시각색소(visual pigment)가 상실됨으로써 야기되는 이색시(dichromat)의 경우, 대부분이 적록 색맹(red-green color blind)에 해당하는 1차 색맹(protanopia) 내지 2차 색맹(deuteranopia)이고 일부가 황청 색맹(yellow-blue color blind)에 해당하는 3차 색맹(tritanopia)이다. 여기서 1차 색맹과 2차 색맹은 어떤 파장범위에 반응하는 시각색소가 상실되었느냐에 따라 결정되지만[8], 둘 다 빨강과 초록을 동시에 볼 수 없다는 점에서 그것들이 하나의 대립과정에 의존한다고 할 수 있다. 마찬가지로 3차 색맹이 파랑과 노랑을 동시에 볼 수 없다는 것도 같은 이유로 설명될 수 있다.

대립과정에 대한 심리학적 지지증거들은 주로 Hurvich와 Jameson에 의해 수행된 일련의 정신물리학적 연구들[10, 28]에 의해 얻어졌다. Hurvich 등(1955)은 단색광의 스펙트럼에서 다른 색이 전혀 섞여 보이지 않는 순수한 파랑, 노랑, 및 초록의 파장 위치를 결정하였고, 순수한 빨강이 스펙트럼 상에 존재하지 않음을 확인하였다. 그리고 이들 네 가지의 고유색을 사용한 색상상쇄법(hue cancellation method)을 사용하여 모든 색채들을 계량화하였다. 그들이 사용한 색상상쇄법은 대립과정에 관여하는 유채색 채널의 길항적인 반응 양식을 이용한 것으로, 대립채널의 강도가 그러한 채널의 평형상태를 야기하도록 더해지는 빛의 상대적인 방사도(radiance)로 알 수 있다고 가정되었다. 예컨대 R-G 통로에서 활성화된 빨강의 정도는 그것에 초록빛을 섞었을 때 두 색 중 어느 색도 보이지 않을 정도로 더해지는 초록빛의 양에 비례한다[29]. Romeskie(1978)나 Werner와 Wooten(1979a)도 동일한 방법을 사용하여 대립과정의 존재를 확인하였으며, Werner와 Wooten(1979b)은 세 연구에서 얻은 결과들을 평균하여 평균상쇄함수를 얻었다.

이상에서 색채지각에 관한 삼원색이론과 대립과정이론을 설명하고 각 이론에 대한 지지증거들을 살펴보았다. 하지만 그러한 주장들은 인간의 색채지각과정에서의 두 단계, 즉 망막 수준에서 세 가지 종류의 추상체에서 이루어지는 처리과정과 그 이후의 신경절세포 및 시각 경로에서 이루어지는 처리과정을 각각 설명하는 것으로 확인되었다. 결국 두 이론은 인간의 색채지각을 설명하는 하나의 설명체계로 통합되었고, 흔히 두 단계 이론으로 불리고 있다.

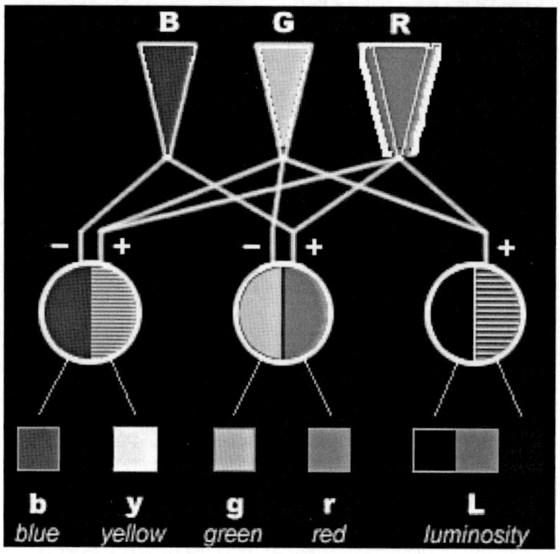

그림 2.13 색채지각의 두 단계 이론

2.5 시공간적 시각 특성

인간시각 시스템은 제한된 범위 안에서 기능을 수행한다. 이러한 제한된 시각은 다양한 변수에 대하여 임계값을 측정해 봄으로써 잘 알 수 있다. 이러한 임계값은 시각 시스템이 다른 환경아래에서 어떠한 민감도를 가지며 동작할 것인지를 제공해 준다. 특히, 조명과 관련해서는 얼마나 잘 보이는가의 문제가 아니라 어떤 때 안 보이게 되는지를 측정하게 된다. 임계값을 측정하는데 있어서는 관찰자가 환경에 완전히 적응된 상태에서 대상은 균일한 밝기를 가진다고 눈이 정상적으로 동작한다는 가정 아래에서 측정되었다.

차량용 조명과 관련하여 인간시각의 임계값에는 공간적 임계값(spatial threshold), 시간적 임계값(temporal threshold), 그리고 컬러 임계값(color threshold)을 고려해 볼 수 있다. 공간적 임계값은 배경으로부터 대상을 검출하거나 대상의 상세한 것을 파악할 수 있는 능력과 관계되어 있다. 공간적 임계치의 측정을 위해서는 대상은 시간적으로는 변하지 않는다고 가정한다. 일반적으로 공간적 임계값은 휘도대비 임계값이나 시력과 관련된다. 시간적 임계값은 인간시각의 반응속도나 휘도가 변하는 것을 감지할 수 있는 능력과 관계되어 있다. 컬러 임계값은 컬러 공간에서 두 개의 컬러를 구별할 수 있는 컬러 공간의 분리에 기반하고 있다. 이러한 구별은 일반적으로 CIE 1931 (x,y) 색도도와 그것의 균일 비율 색도도와 관련되어 있다.

임계값에 영향을 미치는 요소는 세 가지가 있다. 첫 번째는 시각 시스템 요소이고, 두 번 째는 대상의 특성이며, 세 번째로 대상이 나타나는 배경 요소이다.

시각 시스템에 있어서 중요한 요소는 눈이 순응한 상대적인 휘도와 대상이 나타나는 시야에서의 위치, 그리고 눈의 조절 범위이다. 순응한 눈의 휘도는 어떤 종류의 광수용체가 동작할 것인지를 결정하게 된다. 대상이 나타나는 시야에서의 위치는 사용가능한 광 수용체의 종류를 결정하게 된다. 순응 상태는 망막이미지의 질을 결정하게 된다. 운전 상황에서는 눈의 조절은 바르게 되었다고 가정할 수 있다. 하지만 망막의 상대적인 부분에서의 휘도에 대한 순응이나 망막에서 대상의 위치 등은 크게 변하게 된다.

대상에 관한 중요한 특성은 대상의 크기와 대상과 바로 인접한 배경 사이에 휘도 대비 및 컬러 차이이다. 이러한 세 가지 작업 특성 중에 하나에 대하여 측정하는 것이 유용할 수 있지만, 다른 요소들도 같이 영향을 미치게 된다. 가령, 컬러에 차이가 있거나 없거나 상관없이 다른 크기의 대상은 대비 임계값이 있어서 차이를 보이게 된다. 운전 중에는 대상의 크기를 많이 변하게 된다. 장애물에 접근해 감에 따라 그 크기는 변하게 되고, 보행자의 휘도는 입고 있는 옷의 반사율에 따라 달라지게 된다.

대상이 보여지는 배경의 영향에 관해서는 배경의 면적, 휘도, 컬러 등의 요소가 중요하다. 이러한 요소들은 대상의 이미지가 맺히는 망막의 순응 상태를 결정하고 대상의 휘도 대비나 컬러 차이를 결정하기 때문에 중요하다. 운전 중에는 전조등의 배광 분포나 도로 조명의 여부에 따라 배경의 휘도나 컬러가 크게 바뀌게 된다.

2.5.1 공간적 임계값

가장 간단한 시각 작업 중에 하나는 균일한 밝기를 가진 배경에 대상을 검출하는 작업으로 인간 시각의 이러한 기능과 관련하여 여러 가지 법칙들이 제시되었다. 그 중에 하나로 시각시스템은 대상에 대하여 공간적 합산을 한다는 것을 보여준다. 이것은 검출 대상의 밝기와 대상의 관계를 보여주는 것으로 Ricco의 법칙이라고 불린다.

$$대비(contrast) = \frac{K}{면적} \tag{2.1}$$

여기서 K는 배경 밝기에 따른 상수이다. 이 법칙이 의미하는 것은 대상을 검출하기 위하여 시각 시스템을 자극하기 위하여 필요한 전체 에너지는 대상이 넓은 면적에 분포하거나 좁은 면적에 있거나 동일하다는 것이다. 인간 시각의 해상도(수용장의 크기)는 중심부에서 1 arc minute [3]이며 주변시로 갈수록 커진다. Ricco의 법칙은 대상의 각도영역이 수용체의 크기보다 작은 경우에 적용이 된다. 그리고 이 영역의 크기는 밝기에 따라 달라지게 된다[30].

대상의 크기가 임계 크기보다 클 경우에는 광점을 검출하는 것은 단지 휘도 대비에 의하여 이루어지게 된다. 주변 밝기가 명소시 영역일 경우에는 Weber의 법칙에 의하면 대상이 검출되기 위하여 필요한 휘도차이는 배경 휘도에 일정하게 비례하는 것으로 나타난다.

대비 민감도 함수(contrast sensitivity function)는 많은 실제적인 목적으로 사용된다. 가령, 일정한 거리에서 도로 표지판을 읽을 수 있기 위해서는 어떤 크기가 필요한지를 결정하는데 사용될 수 있다. 거리가 달라지면 공간적 주파수 특성이 달라지기 때문에,

---

3) 1 arc minute은 1/60° 이다.

관찰자가 밝기 패턴을 읽는 거리도 중요하다. 거리가 증가함에 따라, 고정된 격자의 경우에 공간적 주파수도 증가하게 된다.

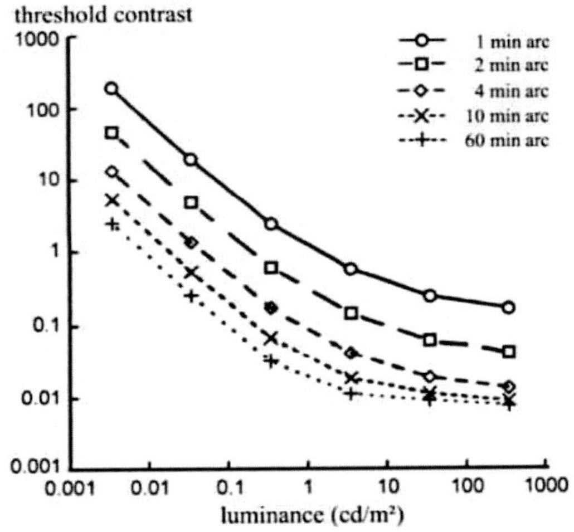

그림 2.14 배경 휘도에 따른 다른 크기에서의 대비 임계값

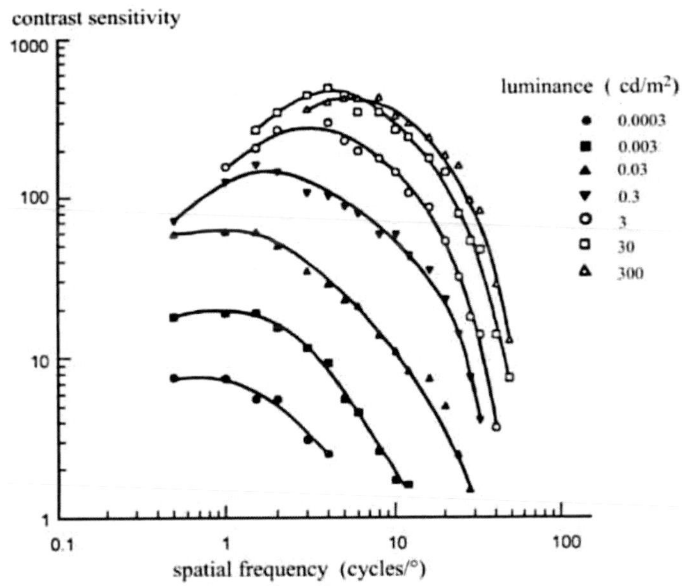

그림 2.15 사인파형태에서 배경휘도에 따른 공간적 주파수의 대비 민감도

2.5.2 시간적 임계값

가장 간단한 시간적 시각 작업은 플레시와 같이 짧은 빛이 균일한 배경을 바탕으로 비취는 것을 검출하는 것이다. 그와 같은 대상에 있어서 시각시스템은 시간적 합계를 구하는 것으로 보여진다. 가령, 대상의 밝기와 비추는 시간의 곱은 일정하다. 이러한 대상의 휘도와 기간의 관계는 Blach의 법칙으로 알려져 있다. 이것이 의미하는 것은 시각 시스템에서 대상이 검출될 수 있도록 하는데 필요한 전체 에너지는 대상이 보여진 시간에 관계없이 동일하다는 것이다. 시각적 합계는 어떤 일정한 기간 이상이 되면 맞지 않게 되는데, 이러한 기간을 임계 기간(critical duration)이라고 한다. 임계 기간은 순응 휘도에 따라 달라지며, 암소시에는 0.1초, 명소시에는 0.03초에 이른다. 임계 기간보다 더 긴 시간 제시되는 경우에는 플래시와 배경 사이의 휘도차이에 의해서만 결정된다.

하나의 플래시를 검출하는 것도 신호의 목적으로는 중요하지만, 시간적 임계값에서 차량용 조명을 위하여 또 다른 중요한 점은 반복되는 플래시를 검출할 수 있는 능력이다. 그림 2.10은 반복되는 플래시가 플리커(flicker)로 보여지는지를 결정하는 간단한 방법을 보여준다. 그림은 4°시야각의 대상의 휘도가 평균 100 cd/m^{2}인 경우에, 사인파형의 변동이 주파수에 따른 변조 임계값을 보여준다. 시각 시스템은 10에서 20 Hz 주파수 사이에서 변조 임계가 가장 낮은 값을 보여주며 가장 민감한 경향을 보인다.

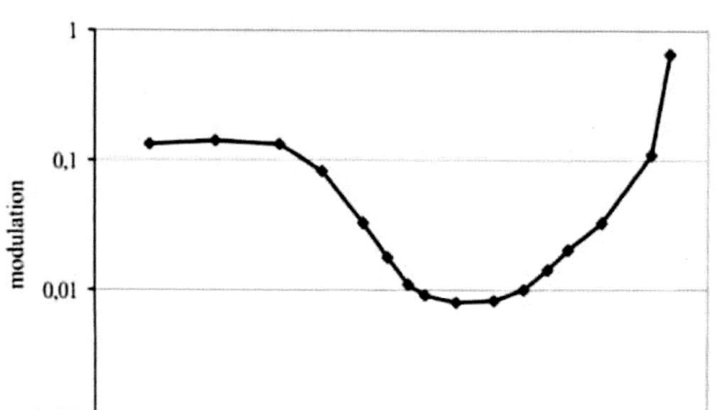

그림 2.16 주파수에 따른 사인 파형의 변동에 대한 변조 임계값

그림 2.10을 이용하여 다른 모든 주파수에서 실제적인 변조를 결정함으로써 신호 빛의

변동이 플리커로 보일지를 결정할 수 있다. 사인파의 진동에 대하여, 만약에 주어진 주파수에서의 변조가 곡선 아래에 있으면, 플리커는 보이지 않는다. 파형이 사인파가 아니면 어떻게 할 수 있을까? 다른 파형에 대하여 플리커가 보여질지를 예측하기 위하여, 파형은 푸리에 변환을 통하여 다른 주파수와 변조로 나타낼 수 있다. 만약에 요소 중에 어느 것이라도 곡선 위에 있으면, 변동이 어떤 방법으로든 변동하는 것을 볼 수 있을 것이다. 평균 밝기를 증가시키면, 민감도가 증가하고, 평균 밝기를 낮추면 민간도도 줄어들 것이다.

2.5.3 컬러 임계값

공간 임계값과 시간 임계값은 색이 없는 무채식에 대한 실험으로 백색광을 사용하여 실험을 주로 하게 된다. 명소시에 인간 시각 시스템은 색을 잘 구별할 수 있는 능력을 가지고 있다. 그림 2.11은 MacAdam 타원을 확대하여, CIE (x,y) 컬러 좌표계에 그려 놓은 것이다. 각각의 타원은 컬러 좌표계에서 타원의 중심에 참조되는 컬러를 바탕으로 두 개의 조그만 조각에 대한 컬러 매칭을 했을 때의 표준 편차를 보여준다. 운전을 하는데 컬러의 차이를 미세하게 구별하는 것이 요구되지는 않는다. 일반적으로 요구되는 것은 채도의 차이가 커서 잘 구별되는 컬러 사이를 구별하는 능력이 요구된다.

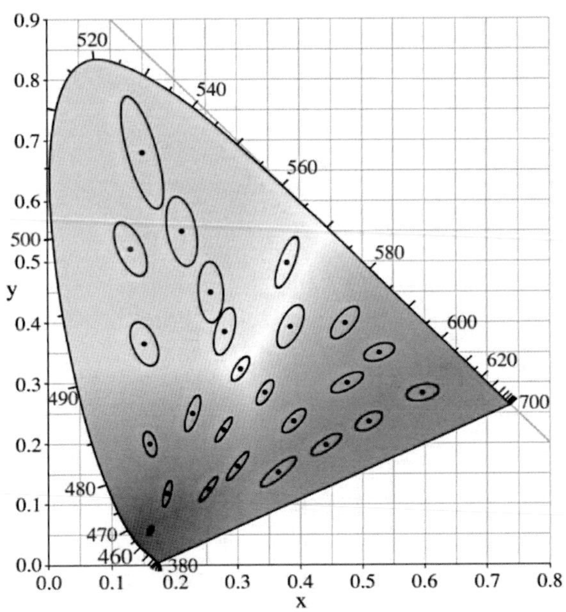

그림 2.17 CIE 1931 x,y 컬러 좌표계에 표시한 MacAdam 타원

2.6 순응 및 밝기에 따른 시각 특성

인간시각 시스템은 매우 넓은 범위의 밝기 변화에 적응하게 되어 있으며, 이러한 넓은 범위의 밝기 변화를 처리하기 위하여, 밝기에 따라 조절되는 순응 체제가 있다. 또한 배경 밝기에 따라 시각 특성도 달라진다.

2.6.1 순응

인간시각 시스템은 매우 넓은 범위의 밝기에 노출될 수 있다. 가령, 0.000001 cd/m^2 아주 어두운 밤에서부터 100,000 cd/m^{2}의 해변의 대낮의 태양빛과 같이 매우 강력한 빛에 노출되기도 한다. 이러한 넓은 범위를 다루기 위하여 인간시각 시스템은 연속적으로 또는 불연속적으로 시각의 민감도를 조절하게 되며 이를 순응(adaptation) 이라고 한다. 이러한 순응에는 크게 세 가지의 구별되는 변화가 관여하고 있다.

동공의 크기 변화 – 홍채가 축소되거나 확대됨에 따라 망막에 비쳐지는 빛이 감소하거나 증가하게 된다. 젊은 사람의 경우에는 눈동자의 지름이 2 mm부터 8 mm까지 바뀔 수 있다. 눈동자를 통하여 투과되는 빛의 양은 그것의 면적에 비례하게 된다. 따라서 이러한 지름의 범위는 망막에 비치는 빛의 양을 16부터 1까지 사이에서 변동시킬 수 있다. 시각 시스템이 동작하는 영역이 1,000,000,000,000에서 1 사이라고 한다면 동공의 크기는 시각 시스템의 순응에 큰 역할을 하지 않는다고 볼 수 있다. 눈동자의 수축(약 0.3초)은 확장(약 1.5초)보다 빠르다.

신경 적응(neural adaptation) – 신경 적응은 망막에서 신경 접합부인 시넵스쪽에 상호작용에 의하여 민감도가 변하게 되는 것은 매우 빠르다(200 ms 이하). 이것의 효과는 밝기 범위가 2-3로그 단위(100배에서 1000배)의 밝기 영역에서 효과적이다. 이러한 적응으로 인하여 대부분의 실내 조명에 있어서는 순응이 잘 안되었다고 느끼지 못하는 이유이다.

광화학적 적응(photochemical adaptation) – 망막에는 네 종류의 다른 광수용체는 네 개의 다른 광색소를 가지고 있다. 광 수용체가 빛을 받아들이게 되면 색소는 표백되게 된다. 어두울 때는 색소는 재생되어 다시 빛을 흡수할 수 있게 된다. 빛에 대한 눈의 민감도는 크게는 표백되지 않은 색소의 비율에 대한 함수이다. 망막에 안정된 빛의 조사가 일어나는 경우에 광색소가 표백과 재생하는 과정은 경쟁하게 되어 균형을 이루게 된다. 망막에 조사되는 빛이 바뀌게 되면 색소는 표백이 되었다가 새로운 균형을 찾게 된다.

망막의 조도가 바뀌는데 적응하기 위하여 정확히 얼마나 걸리는지는 변화의 크기와 다른 광수용체가 다른 정도와 변화의 방향 등에 따라 달라진다. 망막의 밝기가 2-3 로그 단위(수백 ~ 수천배)의 변화에 대해서는 신경 순응만으로 충분하다. 따라서, 순응은 1초가 안되어 완료되어야 한다. 더 큰 변화에 대해서는 광화학적 순응이 필요하다. 망막의 조도의 변화가 원뿔 광수용체의 동작 범위 안에 있다면 순응이 일어나는데 수 초 정도만으로 충분하다. 만약에 망막의 조도의 변화가 원뿔 광수용체 영역에서 막대 광수용체 동작 영역을 포함한다면 순응이 완료되는데, 수십 분이 필요하다. 변화의 방향에 대해서는 광화학적 과정이 관여하게 되면 망막의 조도가 더 높은 조도로 바뀌는 것이 낮은 망막 조도로 변하는 것보다 훨씬 빠르게 달성된다.

시각시스템이 망막의 조도에 넓게 퍼져있는 망막의 조도에 완전히 적응하지 않았을 때, 시각 시스템의 능력은 제한되어 있다. 이러한 순응이 바뀌는 상태는 전이 순응이라고 불린다. 전이 순응은 햇살이 낮에 긴 도로터널로 들어가는 것과 같은 경우와 같이 갑작스런 높은 조도에서 낮은 조도로 바뀔 때 매우 중요하다.

2.6.2 명소시(photopic vision)과 암소시(scotopic vision)

인간시각은 다른 망막의 조도에서 망막의 다른 광수용체의 조합에 의하여 동작하기 때문에, 순응 과정을 통하여 시각 시스템의 스펙트럼에서의 민감도가 변한다. 일반적으로 시감도라고 불리우는 민감도(sensitivity) 함수는 밝은 빛이 있는 경우에 해당하는 명소시(photophic vision)와 밤의 어두운 별빛과 같이 빛이 거의 없는 경우에 해당하는 암소시(scotopiv vision)의 두 가지로 나누어진다.

명소시(photophic vision) – 명소시 시각 시스템은 휘도가 3 cd/m^2 또는 그 이상인 경우에 해당한다. 이러한 휘도에서는 원뿔 광수용체가 주도적이 된다. 이것이 의미하는 것은 컬러 인식과 미세한 자세한 내용들을 볼 수 있다는 것이다.

암소시(scotopic vision) – 시각 시스템이 암소시로 동작하는 범위는 0.001 cd/m^2 이하인 경우에 해당한다. 이러한 휘도에서는 막대 광수용체만 자극에 반응하게 되며 원뿔 광수용체는 이렇게 낮은 망막 방사조도에서는 별로 반응을 하지 않게 된다. 즉 망막의 중심와(fovea)는 동작을 하지 않으며, 컬러는 인지되지 않고 명암만을 인식하게 된다.

CIE에는 이러한 스펙트럼에 대한 민감도의 차이를 인지하고 CIE 표준 명소시 관찰자

(standard photopic observer), 그리고 암소시 관찰자(scotopic observer)를 정의하고 각 경우에 다른 시감도를 그림 2.12와 같이 정의하여 사용하도록 하였다.

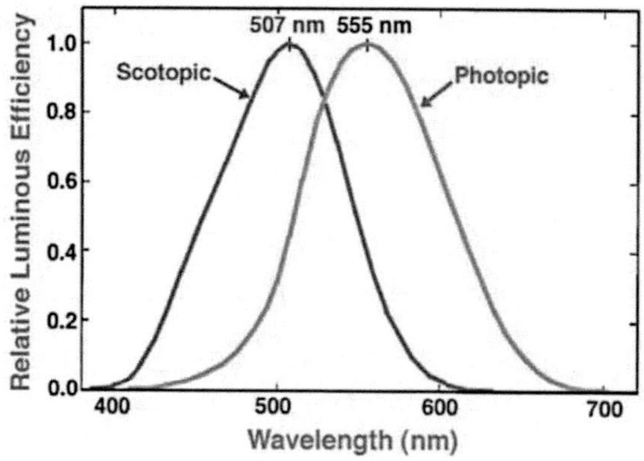

그림 2.18 명소시와 암소시의 비시감도 함수

비시감도(relative luminance efficiency) 함수는 물리적인 방사광량을 시각에 기반한 광도 광량으로 변환하는데 사용되게 된다. 거의 모든 광도량 측정에는 CIE의 표준 명소시 관찰자를 사용하여 측정된다. 따라서, 다른 스펙트럼 특성을 가진 다른 두 광원의 광도 측정값이 일치하더라도 광원의 시각 특성에 차이를 보일 수 있다.

연습 문제

2.1 망막에서 시신경이 모이는 부분에서는 물체를 볼 수 있는가?

2.2 LGN에는 P세포와 M세포 외에 또 어떠한 세포들이 있는가?

참고 문헌

[1] https://en.wikipedia.org/wiki/Human_eye

[2] "Structure of the Mammalian Retina" c.1900 By Santiago Ramon y Cajal.

[3] Purves D, Augustine GJ, Fitzpatrick D, et al., editors. Neuroscience. 2nd edition. Sunderland (MA): Sinauer Associates; 2001. Anatomical Distribution of Rods and Cones. Available from: http://www.ncbi.nlm.nih.gov/books/NBK10848/

[4] 정담편집부, 해부 병태생리로 이해하는 SIM 통합내과학 10, 도서출판 정담, 2013.

[5] http://www.cns.nyu.edu/~david/courses/perception/lecture notes/V1/lgn-V1.html

[6] Kuehni, R. G. (2003). Variability in unique hue selection: A surprising phenomenon. Color Research and Application, 29(2), 158-162.

[7] Bowmaker, J., & Dartnall, H. J. A. (1980). Visual pigments of rods and cones in a human retina. Journal of Physiology, 298, 501-511.

[8] Fairchild, M. D. (1998). Color appearance models. MA: Addison Wesley Longman.

[9] Wright, W. D. (1991). The measurement of colour. P. Gouras (Ed.) The perception of colour. London, England: The Macmillan Press.

[10] Jameson, D., & Hurvich, L. M. (1964). Theory of brightness and color contrast in human vision. Vision Research, 4, 135-154.

[11] Schirillo, J. A. (2001). Tutorial on the importance of color in language and culture. Color Research and Application, 26(3), 179-192.

[12] Wooten, B. & Miller, D. (1997). The psychophysics of color. In C. L. Hardin & L. Maffi (Eds.) Color categories in thought and language. Cambridge, England: Cambridge University Press.

[13] Hering, E. (1964). Outlines of a theory of the light sense. Translated by L. M. Hurvich & D. Jameson: Cambridge, MA: Harvard University Press. (Orignal work published 1878)

[14] 박현수, 이만영 (2005), 한국인들이 먼 셀 색체공간에서 지각하는 고유색과 초점색의 색상 위치, 한국색채학회논문집, 19권 1호, 19-98.

[15] Hård, A., Sivik, L., & Tonnquist, G. (1996). NCS natural color system-from concept to research and application. Part Ⅱ. Color Research and Application, 21, 206-220.

[16] De Valois, R. L., Smith, C J., Karoly, A. J., & Kitai, S. T. (1958). Electrical responses of primate visual system. Ⅰ. Different layers of macaque lateral geniculate nucleus. Journal of Comparative & Physiological Psychology, 51, 662-668.

[17] De Valois, R. L. (1960). Color vision mechanisms in the monkey. Journal of General Physiology, 43, 115-128.

[18] De Valois, R. L. (1965). Analysis and coding of color vision in the primate visual system. Cold Spring Harbor Symposium on Quantitative Biology, 30, 567-579.

[19] De Valois, R. L., Abramov, I., & Jacobs, G. H. (1966). Analysis of response patterns of LGN cells. Journal of the Optical Society of America, 56, 966-977.

[20] De Valois, R. L., & Jacobs, G. H. (1968). Primate color vision, Science, 1968, 162, 533-540.

[21] De Valois, R. L., & De Valois, K. K. (1975). Neural coding of color. In E. C. Carterette, & M. P. Friedman (Eds.) Handbook of Perception Vol. 5: Seeing. New York: Academic Press.

[22] Abramov, I. (1968). Further analysis of the responses of LGN cells Journal of the Optical Society of America, 58, 574-579.

[23] Derrington, A. M., Krauskopf, J., & Lennie, P. (1984). Chromatic mechanisms in lateral geniculate nucleus of macaque. Journal of Physiology, 357, 241-265.

[24] Hubel, D. H., & Wiesel, T. N. (1968). Receptive fields and functional architecture of monkey striate cortex. Journal of Physiology, 195, 215-243.

[25] Hurvich, L. M., & Jameson, D. (1955). Some quantitative aspects of an opponent colors theory. Ⅱ. Brightness, saturation and hue in normal and dichromatic

observers. Journal of the Optical Society of America, 45, 602-616.

[26] Hurvich, L. M. (1981). Color vision. Sunderland, MA: Sinauer Associated.

[27] Boff, K.K., Kaufman, L., Thomas, J., P. (1986). Handbook of perception and human performance, John Wiley.

03 야간 운전시(박명시) 인간 시각 특성

자동차 조명 환경은 주로 야간에 전조등을 켜고 운전하는 환경에 대하여 적용이 되며, 이러한 조명 환경은 박명시 조명 환경에 가깝다. 따라서, 본 장에서는 박명시 인간 시각의 특성 및 박명시에 기존의 명소시 때와 차이나는 인간 시각의 특성을 중심으로 살펴보고, 마지막으로 빛의 생체리듬에 대한 영향과 같은 빛의 비시각적 특성에 대하여 논의한다. 이를 통하여 향후 차량용 조명 연구를 하는데 있어서 중요한 기반지식을 갖추도록 한다.

3.1 야간 운전자를 위한 시각 작업

운전을 하는 것은 복잡하고 동적으로 바뀌는 시각 정보를 처리해야 하기 때문에 시각이 아주 중요한 역할을 하게 된다. 시각 작업 수행 능력이 가장 크게 영향을 미치는 적용 예 중의 하나가 야간 운전의 경우이다. 야간에 운전을 한다는 것은 원추세포와 원뿔세포가 모두 동작하는 박명시의 시각 성능과 매우 밀접한 관계가 있다. 운전자의 시각 작업 수행능력에 영향을 미치는 요소는 정적 및 동적 시력(visual acuity), 대비 민감도(contrast sensitivity), 입체 영상(stereopsis), 컬러 시각(color vision), 동작 인지(motion perception), 시야각 등 다양하다. 운전자의 시각 작업은 검출(detection), 구분(discrimi- nation), 동작 인식(perception of movement), 형태와 컬러, 움직이는 객체 및 정지 객체와의 관계 등을 바탕으로 물체를 인식하는 작업 등이 있다. 운전자의 시각 작업의 예는 다음과 같다.

- 전방 운전자나 운전자가 주는 신호의 검출
- 도로 표면에 있는 장애물, 구멍, 고르지 못한 노면 등의 검출
- 차선 경계와 도로의 휘는 정도 등을 알아보는 것
- 운전 상황에서 안전하게 반응하기 위하여 도로나 출구 표지, 경고 표지등을 읽는 것
- 도로가의 보행자나 자전거 운전자 등을 검출하는 것

야간 운전자의 기본적인 시각 과업(visual task)은 환경에 효과적으로 반응하기 위하여 시야로부터 충분한 정보를 얻는 것이 필요하다. 이러한 과업은 하나의 과업으로 대표될 수 없으며, 크게 세 가지 과업으로 나눌 수 있다. 이것은 시각 대상에 대한 검출, 검출 속도(the speed of detection), 검출 대상에 대한 상세한 식별의 과업들로 나눌 수 있다.

이 세 가지 과업은 단순화한 접근 방법의 하나로, 야간 운전시에 시각 수행능력에 대하여 완전히 기술하는 것은 전혀 아니다. 하지만, 이러한 선정된 과업은 이들을 근거로 실제적이고 연관된 과업에 대한 수행능력을 기술하고, 이를 근거로하여 시각 과업과 상관관계가 높은 시각 시스템 모델이 개발될 수 있다. 최근의 연구에 의하면 시각 작업의 종류에 따라 다른 광효율 함수가 요구된다는 것을 보여주고 있다.

첫 번째 과업인 검출은 시각영역에서 어떤 특정한 영역에 바뀌는 것을 관찰하는 것과

관련이 되어 있다. 시각자극을 불러 일으키고 대상을 검출하기 위해서는 어떤 휘도나 색도의 차이가 배경과 검출대상 사이에 있어야 한다. 이러한 검출 능력은 시각자극을 감지할 수 있는지와 연관되어 있다. 이것은 운전에 있어서 가장 기본적인 시각 과업 중의 하나이다. 오늘날 도로 조명이나 자동차 램프의 설계에 있어서 대비 임계값에 의하여 정해지는 시인성에 깊이 연관되어 있다.

두 번째 과업은 검출 속도(speed of detection)이다. 검출 속도란 얼마나 빨리 검출할 수 있는가의 문제로 과업에 대한 반응시간이 일반적으로 사용된다. 반응 시간(reaction time)이란 시각 자극을 주고, 이 자극을 검출하고 응답하는데 걸리는 시간을 말한다. 이러한 반응 시간은 어떤 자극에 대하여 검출하게 되면 버튼을 누르는 것과 같은 과업을 통하여 확인할 수 있다. 저조도(low light level) 환경에서는 시인성이 감소하고, 또한 반응시간이 길어지기 때문에 교통사고가 증가하게 된다[1]. 이러한 반응 시간은 분광 효율이나 MOVE 시스템[2]과 같은 박명시의 시각 효율 모델을 개발하는데도 사용되었다.

시각 처리의 다음 과업은 인식이다. 시각적으로 자세히 관찰하여 대상을 인식하게 되면 인식 가운데 의지적 행동을 수행할 수 있다. 시각 인식은 대상을 자세히 파악하고 대상을 이해하는 것과 관련된 것이다. 가령, 인식한다는 것은 교통 신호를 읽거나 표지판의 내용을 파악하는 것과 관련이 된다. 운전하는데 있어서 가장 중요한 과업 중에 하나가 경고 신호를 빠르게 파악하는 것이다[3].

이러한 시각 수행 능력을 정의하기 위해서는 관련된 변수를 파악하는 것이 필요하다. 기본적으로 휘도와 같은 조명의 밝기 정도, 과업의 위치가 영향을 끼친다. 그 뿐만 아니라, 배경 휘도, 대비, 대상의 크기, 시야에서의 위치 등이 영향을 미치게 된다.

3.2 박명시(mesopic vision) 시각 특성 및 모델

차량용 조명의 경우에는 야간에 전조등 등을 통하여 사물을 인식하기 위하여 조명을 제공하게 되며, 이러한 조명 환경은 박명시 조명 환경에 가깝다. 만약에 도로 조명도 같이 있는 경우에는 박명시나 명소시의 특성을 보이게 된다. 박명시 인간 시각의 특성에 대해서는 최근에 많은 관심을 가지고 연구가 되고 있으며, 이러한 박명시 연구는 차량 조명의 설계와도 밀접한 관계를 가진다.

일반적으로 시각 시스템은 명소시와 암소시 사이, 즉 0.001 cd/m^{2}에서 3 cd/m^{2}사이에서 원뿔 광 수용체와 막대 광 수용체가 모두 동작하게 되는 영역을 가지게 되며, 따라서 기존의 명소시 특성과 암소시 특성이 모두 활성화 되어 있게 된다. 박명 영역에서 휘도가 줄어들어감에 따라 중심시(fovea)에 있는 원뿔 광 수용체는 스펙트럼의 민감도가 크게 바뀌지 않으며 점점 줄어들다가 암소시에 도달하게 되면 전혀 동작하지 않게 된다. 주변부에서는 막대 광수용체가 원뿔 광수용체에 대하여 점점 우위를 차지하게 되면서 컬러비전과 해상도가 떨어지고 마침내 단파장 영역에서 민감한 스펙트럼 반응으로 이동하게 된다.

박명시 시각 특성에 대한 다양한 모델이 제안되고 있으며, 간단한 기본 모델의 경우에는 명소시와 암소시 사이에서 주변 휘도에 따라 파장은 단파장으로 이동하며, 민감도는 점점 증가하는 경향을 보이고 있다. 그림 3.1은 박명시 스펙트럼에 따른 시각 특성을 보여주는 한 예이다.

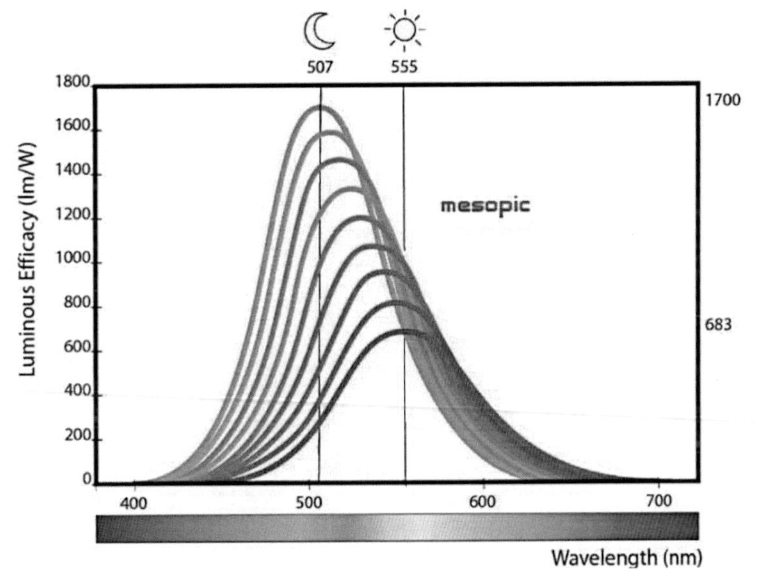

그림 3.1 박명시 스펙트럼에 따른 시각 특성 [4]

시각은 매우 복잡한 과정을 거치고, 눈의 광효율은 시각 영역에서 자극의 크기, 위치 및 주변 밝기와 분광분포, 자극의 대비 및 요구되는 작업의 응답시간 등의 다양한 요소에 의하여 영향을 받는다. 따라서, 시각 수행 능력을 효과적으로 예측하는 하나의 모델을 개발하는 것은 용이한 일이 아니다. CIE TC1-53에서는 이러한 박명시의 시각 특성을 효과적으로 나타낼 수 있는 모델을 개발하고자 하고, 아래와 같은 제한 조건을 만족하는 시스템을 구성하고자 한다.

- 제안된 시스템은 가산적인(additive) 특성을 가지고 있어야 한다.
- $V(\lambda)$는 박명시 영역에서 상위 끝에 해당하고, $V'(\lambda)$가 하위 끝에 해당해야 한다.

이러한 조건을 만족하는 기존의 USP 시스템 모델이나 MOVE-시스템 모델을 검토하고, 이를 바탕으로 CIE에서는 박명시 작업 성능을 추정할 수 있는 박명시 시각 특성을 고려한 시감도 모델을 최근에 제시하였다[5]. 이 모델에 따르면, 박명시 영역에 대한 시각특성을 반영하기 위한 측광(photometry)을 위한 모델은 아래 식 (3.1)과 같이 명소시의 시감도 함수와 암소시의 시감도 함수의 결합에 의하여 나타낼 수 있다.

$$M(m)\,V_{mes}(\lambda) = m\,V(\lambda) + (1-m)\,V'(\lambda) \quad \text{for } 0 \le m \le 1 \tag{3.1}$$

$$L_{mes} = \frac{683}{V_{mes}(\lambda_0)} \int V(\lambda)\,L_e(\lambda)\,d\lambda \tag{3.2}$$

여기서,

m : 시각 순응 조건에 따른 계수

$M(m)$: $V_{mes}(\lambda)$의 값이 최대값이 1이 되도록 정규화하는 함수

$V_{mes}(\lambda_0)$: $555nm$에서의 $V_{mes}(\lambda)$의 값

L_{mes} : 박명시의 광밀도(휘도)

$L_e(\lambda)$: 단위 $Wm^{-2}sr^{-1}nm^{-1}$당의 분광 방사 휘도

여기서 또한 $L_{mes} \ge 5.0\,\mathrm{cd}\cdot m^{-2}$이면 $m=1$로 명소시 광밀도를 나타내며, $L_{mes} \le 0.005$ 이면 $m=0$으로 암소시 광밀도를 나타내게 된다.

$M(m)$ 계수는 박명시 영역에서 $M(m)\,V_{mes}(\lambda)$는 최대값이 1인 비시감도 함수가 되게 한다.

광밀도(L)란 우리 눈의 광원 또는 피조면을 보고 느끼는 밝기 감각의 척도로 광도가 높거나 광원으로부터 방사되는 광속이 좁은 면적에 집중되면 광밀도는 증가하게 된다.

방사 휘도란 단위 입체각(sr)에 단위 면적당 주어지는 방사속을 말하며, 분광 방사 휘

도는 이를 단위 파장(nm)에 대하여 나타내는 값이다.

또한, $V_{mes}(\lambda_0)$값은 명소시에 555 nm에서의 시감도값은 명소시에 1인데, 1보다 작아지는 경우는 박명시 정규화 계수인 $M(m)$에 의한 것으로 박명시 광밀도를 구할 때 나누어주는 값으로 명소시부터 박명시, 암소시로 바뀌면서 증가하는 시감도를 반영하게 된다.

주어진 수식을 적용하기 위해서는 계수(m)와 박명시 광밀도(L_{mes})를 계산하는 것이 필요하며, 이는 아래와 같은 반복적인 접근 방법을 통하여 구할 수 있다.

$$\text{초기화: } m_0 = 0.5,\ n = 1 \tag{3.3}$$

반복루틴:

$$L_{mes,n} = \frac{m_{(n-1)} L_p + (1 - m_{(n-1)}) L_s V'(\lambda_0)}{m_{(n-1)} + (1 - m_{(n-1)}) V'(\lambda_0)} \tag{3.4}$$

$$m_n = a + b\log_{10}(L_{mes,n}),\quad 0 \le m_n \le 1\text{에 대하여} \tag{3.5}$$

여기서, L_p는 명소시에 시각 순응 영역에서의 휘도이며, L_s는 암소시 시각순응영역의 휘도이며, $V'(\lambda_0) = 683/1699$가 $555nm$에서 암소시에 분광 광효율 함수이다. $a = 0.737,\ b = 0.334$의 값을 가지는 상수 값이다. 여기서 구해진 L_{mes}값은 시각 순응 영역에서 박명시의 광밀도, 즉 휘도다. 시각 순응 영역에 있는 물체의 박명시 휘도는 시각순응 영역을 위하여 얻은 m값을 사용하여 식 (3.1)과 (3.2)에 의하여 얻을 수 있다.

위의 계산 과정은 박명시 휘도 계산을 위하여 필요한 m값을 구하기 위하여 식 (3.3)에 의한 초기화 및 식 (3.4)와 (3.5)에 의한 반복적인 계산에 의하여 수렴할 때까지 수행해야 한다. 이어서 구해진 m값을 바탕으로 식 (3.1)에 의하여 박명시의 시감도 함수인 $M(m)V_{mes}(\lambda)$ 함수를 구하고, 이 함수의 최댓값을 구하여 나누어 줌으로 박명시의 비시감도 함수 $V_{mes}(\lambda)$가 구해진다. 구해진 박명시의 비시감도 함수를 바탕으로 실제 박명시에 보여지는 물체에 대한 휘도를 계산하기 위해서는 식 (3.2)를 바탕으로 박명시에 보여지는 물체에 대한 휘도값을 구할 수 있다. 식 (3.2)를 자세히 살펴보면, 명소시에 해당하는 최대 시감 효율 계수 683이 사용되고, 이를 바탕으로 명소시의 $V(\lambda)$ 대신에 식 (3.1)을 통하여 구해진 $V_{mes}(\lambda)$가 사용된 것을 볼 수 있다. 추가적으로

$V_{mes}(\lambda_0)$으로 나누어 준다. 여기서 나누어주는 부분은 앞에 박명시의 비시감도 함수를 위하여 최댓값으로 나누어주면서 명소시 $V(\lambda)$값의 최댓값이 1 이하로 떨어지게 되며, 이를 보상해 주는 역할을 하게 된다. 즉, 박명시의 비시감도 함수를 위해서는 $V_{mes}(\lambda)$의 최댓값을 1로 정규화 했지만, 실제적을 명소시에서 박명시의 시감도 변화를 효과적으로 계산하기 위해서는 다시 명소시의 시감도의 최댓값이 1로 변경해주는 것이 필요하다. 그림 3.2는 이러한 명소시에서 박명시 암소시로 변경되는 경우에 비시감도의 변화 및 박명시의 휘도 계산을 위하여 명소시의 시감도를 1° 정규화한 후의 시감도 곡선의 변화를 보여준다.

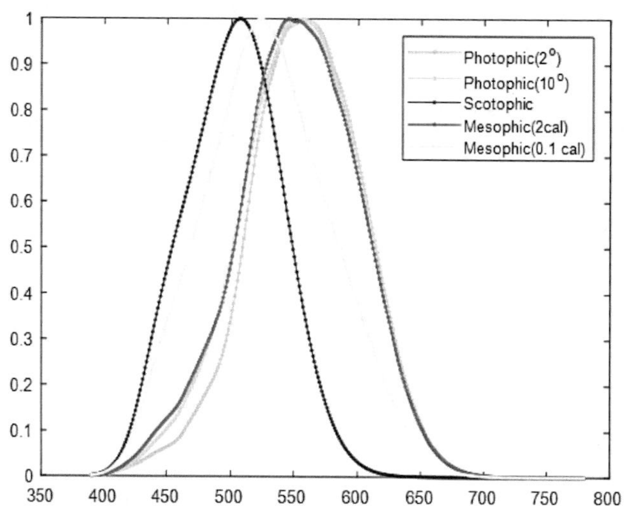

그림 3.2 명소시, 암소시 및 순응 휘도에 따른 박명시의 비시감도함수

위에 연산에서는 박명시의 휘도를 계산하기 위하여 식 (3.2)에서 보여주듯이 광원이나 물체의 분광 분포를 알아야 각 파장에 대한 시감도를 곱하여 최종 박명시에서의 휘도를 계산하게 된다. 그러면, 박명시에 물체나 광원을 분광 분포를 알지 못하는 경우에는 박명시의 휘도를 계산할 수 없는가? 박명시에 시감도 계산은 명소시의 시감도와 암소시의 시감도의 선형 조합에 의한 것으로 알고 있다. 또한 그 비율은 순응 휘도에 의하여 결정된다. 따라서, 어떤 광원에 대하여, 명소시와 암소시의 시감도 비율과 순응 휘도에 따라 결정되는 조합 비율을 알면 분광분포를 알지 못하더라도 주어진 박명시에서의 휘도를 추정할 수 있다. 명소시와 암소시의 시감도 비율은 S/P율로 나타낼 수 있다.

S/P율(암소/명소비)이란 광원의 암소시의 시감도를 바탕으로 하여 평가와 명소시의 시

감도를 바탕으로 한 평가의 광밀도 비를 말하며 아래의 식 (3.6)과 같이 구할 수 있다.

$$\text{S/P-ratio} = \frac{K_m' \int_0^\infty S_\lambda(\lambda) V'(\lambda) d\lambda}{K_m \int_0^\infty S_\lambda(\lambda) V(\lambda) d\lambda} \tag{3.6}$$

여기서,

$K_m' \approx 1700\ \text{lm} \cdot W^{-1}$: 암소시의 $K'(\lambda)$의 분광 광밀도 효율의 최댓값

$K_m \approx 683\ \text{lm} \cdot W^{-1}$: 명소시의 $K(\lambda)$의 분광 광밀도 효율의 최댓값

$S_\lambda(\lambda)$: 광원의 분광 분포

λ : 파장

S/P율과 순응 휘도를 알면 이를 바탕으로 박명시 계산에 사용되는 명소시와 암소시의 조합을 나타내는 m과 박명시 휘도 L_{mes}를 아래의 표 3.1, 표 3.2로 나타낼 수 있다. 즉, 이 표를 이용하면 분광 분포를 알지 못하더라도 주어진 명소시에서의 휘도값을 바탕으로 박명시에서의 광밀도(휘도)를 알 수 있다. 표 3.3은 대표적인 램프에 대한 S/P율을 보여준다.

▌표 3.1▐ 순응에 따른 계수 m의 값[5]

	명소시 휘도(Photopic luminance) / cd·m^{-2}						
S/P	0.01	0.03	0.1	0.3	1	3	4.5
0.25		0.1542	0.3830	0.5644	0.7538	0.9225	0.9841
0.35		0.1804	0.3920	0.5688	0.7558	0.9230	0.9842
0.45	0.0000	0.1992	0.4000	0.5730	0.7576	0.9235	0.9843
0.55	0.0190	0.2140	0.4073	0.5770	0.7594	0.9240	0.9844
0.65	0.0459	0.2265	0.4139	0.5808	0.7612	0.9245	0.9845
0.75	0.0655	0.2373	0.4201	0.5884	0.7629	0.9249	0.9846
0.85	0.0812	0.2468	0.4258	0.5878	0.7646	0.9254	0.9846
0.95	0.0943	0.2553	0.4311	0.5911	0.7662	0.9258	0.9847
1.05	0.1057	0.2631	0.4361	0.5942	0.7678	0.9267	0.9848
1.15	0.1157	0.2702	0.4408	0.5972	0.7693	0.9272	0.9849
1.25	0.1247	0.2767	0.4452	0.6001	0.7708	0.9276	0.9850
1.35	0.1329	0.2828	0.4494	0.6029	0.7723	0.9280	0.9851

1.45	0.1404	0.2885	0.4534	0.6056	0.7737	0.9284	0.9852
1.55	0.1473	0.2939	0.4573	0.6082	0.7751	0.9289	0.9853
1.65	0.1538	0.2990	0.4609	0.6107	0.7764	0.9293	0.9853
1.75	0.1598	0.3038	0.4645	0.6131	0.7778	0.9293	0.9854
1.85	0.1654	0.3083	0.4678	0.6155	0.7791	0.9297	0.9855
1.95	0.1708	0.3126	0.4711	0.6178	0.7803	0.9301	0.9856
2.05	0.1758	0.3168	0.4742	0.6200	0.7816	0.9304	0.9857
2.15	0.1806	0.3207	0.4772	0.6221	0.7828	0.9308	0.9857
2.25	0.1852	0.3245	0.4801	0.6242	0.7840	0.9312	0.9858
2.35	0.1895	0.3282	0.4830	0.6263	0.7852	0.9316	0.9859
2.45	0.1937	0.3317	0.4857	0.6283	0.7863	0.9319	0.9860
2.55	0.1977	0.3351	0.4883	0.6302	0.7875	0.9323	0.9860
2.65	0.2015	0.3383	0.4909	0.6321	0.7886	0.9327	0.9861
2.75	0.2052	0.3415	0.4934	0.6339	0.7896	0.9930	0.9862

❙ 표 3.2 ❙ 순응에 따른 박명시 휘도값 L_{mes} [5]

	명소시 휘도(Photopic luminance) / cd·m^{-2}						
S/P	0.01	0.03	0.1	0.3	1	3	4.5
0.25	0.0025	0.0145	0.0705	0.2467	0.9130	2.9265	4.4782
0.35	0.0035	0.0174	0.0750	0.2545	0.9253	2.9367	4.4812
0.45	0.0045	0.0198	0.0793	0.2620	0.9373	2.9468	4.4842
0.55	0.0057	0.0220	0.0834	0.2693	0.9492	2.9568	4.4872
0.65	0.0069	0.0239	0.0873	0.2764	0.9608	2.9666	4.4901
0.75	0.0079	0.0258	0.0911	0.2833	0.9722	2.9763	4.4929
0.85	0.0088	0.0275	0.0947	0.2901	0.9835	2.9835	4.4958
0.95	0.0096	0.0292	0.0983	0.2967	0.9945	2.9953	4.4986
1.00	0.0100	0.0300	0.1000	0.3000	1.0000	3.0000	4.5000
1.05	0.0104	0.0308	0.1017	0.3032	1.0054	3.0046	4.5014
1.15	0.0111	0.0323	0.1051	0.3096	1.0161	3.0139	4.5041
1.25	0.0118	0.0338	0.1083	0.3158	1.0267	3.0230	4.5068
1.35	0.0125	0.0353	0.1115	0.3220	1.0371	3.0319	4.5095
1.45	0.0132	0.0367	0.1147	0.3280	1.0473	3.0408	4.5122
1.55	0.0138	0.0381	0.1178	0.3339	1.0575	3.0496	4.5148
1.65	0.0145	0.0395	0.1208	0.3398	1.0674	3.0582	4.5174
1.75	0.0151	0.0408	0.1238	0.3455	1.0773	3.0668	4.5200

1.85	0.0157	0.0421	0.1267	0.3512	1.0870	3.0753	4.5225
1.95	0.0163	0.0434	0.1295	0.3568	1.0966	3.0836	4.5250
2.05	0.0169	0.0446	0.1324	0.3623	1.1060	3.0919	4.5275
2.15	0.0174	0.0459	0.1352	0.3677	1.1154	3.1001	4.5299
2.25	0.0180	0.0471	0.1379	0.3731	1.1246	3.1082	4.5323
2.35	0.0185	0.0483	0.1406	0.3784	1.1338	3.1162	4.5347
2.45	0.0191	0.0495	0.1433	0.3836	1.1428	3.1241	4.5371
2.55	0.0196	0.0506	0.1459	0.3888	1.1517	3.1319	4.5395
2.65	0.0201	0.0518	0.1485	0.3939	1.1605	3.1396	4.5418
2.75	0.0207	0.0529	0.1511	0.3989	1.1693	3.1473	4.5441

| 표 3.3 | 전형적인 램프의 S/P율

램프 유형	S/P율
저압 수은등(Low-pressure sodium)	0.2
고압 수은등(High-pressure sodium)	0.4 to 0.6
할로겐 램프(Halogen headlamp)	1.4
선형 형광등(Linear fluorescent)	1.3 to 2.3
메탈 할라이드(Metal halide)	1.2 to 2.1
낮은 색온도 LED(Warm white LED)	1.2
높은 색온도 LED(Cool white LED)	2.0

3.3 시각 운동의 특성

시각 피질이 중심 와에 집중되어 있어서 중심 와에서 벗어난 다른 부분들이 중심와에 맺히게 하기 위해서는 눈의 움직임이 매우 중요하다. 시각 공간에 대한 탐색은 일련의 주시(fixation)와 눈의 단속운동(saccade)으로 구성되어 있다. 주시는 관심이 있는 대상의 중심와에 고정시키는 역할을 한다. 주시점들 사이의 이동은 눈의 단속운동에 의하여 이루어진다. 단속 운동은 매우 빨라서 움직이려는 거리에 따라, 1000°/초(degree/second)까지 움직인다. 단속 운동적 움직임은 200 ms의 지연이 있고, 따라서 최대 초당 5회 정도의 단속 운동이 있을 수 있다. 단속 운동 중에는 시각 기능도 일시적으로 제한된다.

단속 운동이 거의 일어나지 않는 경우는 천천히 움직이는 물체를 추적하는 경우이다. 이런 운동은 상대적으로 천천히 일어나게 되어 초당 40°/초의 최대움직임을 보이며, 천천히 움직이는 대상을 계속 중심 와에 두도록 한다. 이러한 운동의 장점은 성공할 경우에 계속 중심와에 관심 대상이 있게 되면 점점 자세한 정보를 얻을 수 있다는 것이다. 매끄러운 추적의 경우에는 빨리 움직이는 매끄러운 운동이나 천천히 움직이지만 불규칙적으로 움직이는 경우에는 추적이 불가능하다.

이러한 운동은 한쪽 눈에서 일어나게 되나 다른 눈도 독립적으로 움직일 수 있는 것은 아니다. 오히려 서로 협조하여 두 눈의 시선이 하나의 대상으로 일치시켜 동시에 동일한 대상을 바라본다. 만약에 두 눈이 보는 시선의 대상이 다른 경우에는 하나가 아니라 두 개의 물체가 보이게 된다. 두 눈의 주 시선은 동일하나 하나의 대상에서 다른 거리에 있는 또 다른 대상으로 전환할 때, 이러한 운동을 이점 운동(vergence movement)이라고 부른다. 이러한 운동은 매우 느려서 10°/초의 속도를 보이며, 갑작스런 움직임에서 뿐 아니라, 천천히 추적하는 운동의 전/후에서도 발생할 수 있다. 두 경우 모두 두 눈 사이의 각도에 변화가 있게 된다.

3.3.1 운전 중 잠시 보는(glance) 행위

잠시 보는 행위는 뇌에서 시각 정보를 어떻게 얻는지에 대한 중요한 정보를 제공해 준다. 중심 와에서 정밀하게 시각적 특성들을 파악할 수 있는 2~3°의 좁은 영역에 제한되어 있다. 눈은 장면을 파악하기 위해서는 순차적으로 눈을 움직여 주사(scan)해야만 한다. 따라서 이러한 주사 행위의 전략은 주변에서 어떤 것이 관심을 끄는지에 따라 달라지게 된다. 잠시 보는 행위는 잠망경과 같이 두뇌 내부의 정보처리 절차를 간접적으로 보여준다.

눈의 주변 구면에서 수용체는 매우 복잡한 다른 세포들과도 연결되어 움직이는 빛에 대하여 민감하게 동작하도록 되어 있다. 이러한 세포들은 눈의 근육과 연결되어 눈의 주변에 발생하는 자극의 변화에 대하여 우리가 의도적으로 저항하지 않으면 자동적으로 움직이는 물체를 잠시 보게 되어 있다.

따라서 잠시 보는 방향이 주시의 표시에 불과하다는 것을 알아야 한다. 의도적으로 눈을 돌리는 것과 의도하지 않게 방해 받는 것을 구별할 필요가 있다.

눈추적 시스템을 이용하여 운전 중에 잠시 보는 행위를 관찰해 보면 주사하고 있는지 또는 처리하고 있는지를 구별할 수 있다. 주사는 도로 주변에서 다른 도로 참여자나 또는 도로 표지 등을 인지하도록 해 준다. 처리(processing)가 의미하는 것은 소위 말하는 관심 영역에 주시하는 것을 의미한다. 이러한 것은 거울이나 내비게이션 화면이나 교통과 관계된 물체들일 수 있다. 처리를 위하여 잠시 보는 것은 주사를 위하여 잠시 보는 것에 비하여 평균 두 배 더 오래 걸린다[6].

이렇게 얻은 이미지 정보로부터 어떠한 것을 유추할 수 있을까? 그림 3.3에서 보여주는 것은 감각적인 메모리 수준에서의 주사는 우리의 장기 메모리에 있는 내부 모델을 자극하기 위하여 받아들여진다. 추가적인 주사는 모델을 바탕으로 한 매칭을 통하여 보다 정확한 모델을 만들고, 다른 정보들을 효과적으로 유추할 수 있도록 한다.

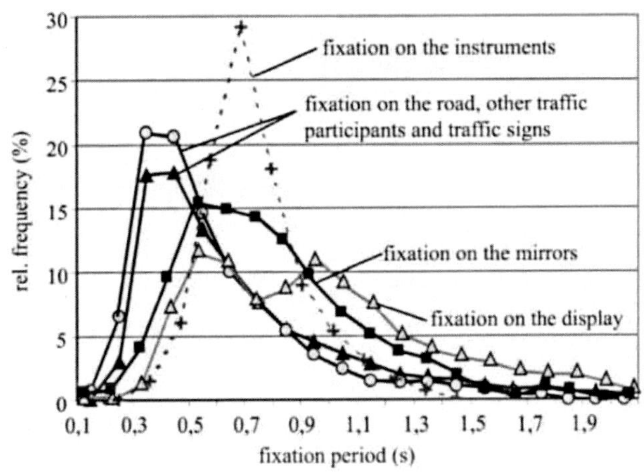

그림 3.3 눈 추적 실험 결과의 예[6]

3.4 차량용 시각 처리의 복잡성

운전을 한다는 것은 단지 시간적 또는 공간적으로 대상을 검출하여 있는지 없는지만 판단하면 되는 것이 아니다. 많은 다른 판단들이 연관되어 있으며 이를 통하여 우리 주변의 환경을 인지하는 것이 필요하다. 자신 또는 다른 사람의 움직임에 대한 판단은 이러한 복잡한 정보처리에서 매우 중요한 요소 중에 하나이다.

3.4.1 자기 운동(self-motion)

빈 도로를 운전하는 경우를 생각해 보면, 도로를 따라 속도를 냄에 따라 시각 시스템은 도로와 도로를 따라 있는 다른 물체들로부터 움직이는 패턴을 보게 된다. 이러한 동적 움직임의 패턴을 광학적 흐름(optical flow)이라고 한다.

광학적 흐름을 분석해 보면, 주변 세계의 형태에 대하여 알 수 있으며 그 세계에서 자신의 움직임에 대해서도 알 수 있다. 우리는 어떻게 주변 세계가 우리를 지나 움직이는 것이 아니라 우리가 움직이고 있다는 것을 알 수 있을까? 광학적 흐름만으로는 알 수 없다. 다른 정보가 더 필요하든지 또는 여러분의 어떤 가정을 두어야만 한다. 다른 정보 중에 하나는 귀에 있는 전정기관으로 이 전정기관을 통하여 가속도나 차량이 움직이면서 느낄 수 있는 진동 등을 인식하게 된다. 만약 그런 정보가 충분하지 않다면, 여러분은 큰 주변환경이 움직이기보다는 훨씬 작은 사람이나 차량이 움직인다고 가정하게 된다.

여러분이 움직인다고 가정하게 되면, 운전자에게는 어떤 방향으로 얼마의 속도로 움직이는지를 아는 것이 중요하다. 움직이는 방향은 광학적 흐름의 패턴을 통하여 알 수 있다. 여러분이 주시점을 고정하고 움직인다면, 주시점을 향하여 다가가고 있으면 확장되는 방향으로 움직이고, 주시점에서 멀어지는 방향으로 움직인다면 축소하는 방향으로 움직일 것이다. 주시점과 움직이는 방향이 일치하지 않는다면 보다 복잡한 상황이 되며, 주시점을 움직일 때마다 광학적 흐름에 변화가 생기게 된다. 시각시스템은 눈의 움직임을 따로 뽑아낸다는 것은 명확하지만 어떻게 그렇게 하는지는 아직 많은 논의가 진행되고 있다.

기본적으로는 근육의 움직임을 통하여 눈의 움직임의 양을 안다면, 그 움직임에 대하여 보상할 수 있으며, 뇌는 그 보상된 위치에 상이 있는 것으로 처리할 수 있을 것이다.

속도와 관련해서는 광학적 흐름만으로는 속도를 알 수 없다. 왜냐하면, 속도를 알기 위해서는 거리를 알아야 하는데, 광학적 흐름을 통해서는 거리를 알 수 없기 때문이다. 거리와 관련하여 원근이나 익숙한 물체의 상대적인 크기라든지, 한 물체가 다른 물체를 가리는 것과 같은 것을 많은 시각적인 단서들이 주어지기는 한다. 하지만 이러한 것의 대부분은 빛이 있어서 움직이는 대상을 볼 수 있을 때 가능하다. 밤에 전조등만 가지고 운전을 한다면 많은 거리 정보가 제한이 되며 따라서 야간 운전시에는 속도를 추정하는 것이 어려워진다. 이것이 많은 운전자가 야간에 하향등 만을 켜고 운전할 때 속도조절에 실패하는 이유이기도 하다.

3.4.2 상대적 운동(relative-motion)

빈 도로를 운전하는 경우에는 절대적인 속도가 중요하지만, 도로에 다른 차가 있다면 상대적인 속도가 중요해진다. 가령 당신이 다른 차를 따라가고 있다면 망막에 맺히는 이미지의 크기가 동일하다면 당신의 다른 차와 동일한 속도를 유지하고 있는 것이고 당신과 그 차 사이의 거리도 줄거나 늘지 않는다는 것을 알 수 있다. 만약에 망막에 맺히는 이미지가 확장된다면 당신의 앞 차에 다가가고 있는 것이고 접근하는 속도는 확장되어가는 속도와 관련이 되어 있다. 이 상대적인 속도가 얼마나 문제가 되는가 하는 것은 다른 차와의 거리에 달려있다. 이러한 판단은 야간인 경우에도 전조등을 통하여 전방 차량을 비출 수 있기 때문에 상대적으로 판단하기 용이하다.

상대적인 속도는 반대편 차량이 조명이 비치지 않는 거리를 멀리서부터 접근해 올 때, 판단하기가 매우 어려워진다. 전조등의 광원의 두 지점으로 생각할 수 있기 때문에 두 지점의 분리 거리가 멀어짐에 따라 접근하고 있음을 판단할 수 있다. 하지만, 거리에 대한 정보가 없이는 전조등 분리의 변화가 얼마의 속도를 의미하는지를 알 수 없다. 다른 조명이 없는 상태에서는 거리정보는 일반적인 차량의 두 전조등 사이의 거리를 추정하여 사용하거나 또한 접근하는 차량이 비춰주는 전조등에서 나오는 빛에 의하여 조사한 것을 바탕으로 판단할 수 있다. 오토바이인 경우에는 하나의 전조등이 있으므로 판단이 더욱 어려워진다.

여기서는 검출해야하는 접근하는 차량의 속도를 평가하기 위하여 단일 전조등의 크기가 증가하는 것을 판단해야 하며, 거리도 판단해야 하는 것을 살펴보았다.

연습 문제

3.1 곡선로를 운전하는 경우에 주사와 처리가 어떤 식으로 사용될 지를 예를 들어서 설명하라.

참고 문헌

[1] Schweigert M, (2003) Fahrerblickverhalten und Nebenaufgaben, Dissertation an der Technischen Universität München

[2] Plainis S, Murray IJ (2002). Reaction times as an index of visual conspicuity when driving at night, *Optom. & Phys. Optics* 22,409-415

[3] Goodman T, Forbes A, Walkey H, Eloholma M, Halonen L, Alferdinck J, Freiding A, Bordrogi P, Várady G, Szalmas A(2007). Mesopic visual effect IV: A model with relevance to night time driving end other applications. *Lighting Res. Technol.* 39, 365-392

[4] Richards OW (1977). Effects of luminance and contrast on visual acuity, ages 16 to 90 years. *Am. J. Optom. & Phys. Optics.* 54:178-184.

[5] http://www.prismalenceuk.com/image_display?ccid=1177 &blid=8&ppid=936&k=1

[6] CIE 191:2010 Recommended system for mesopic photomety based on visual performance.

04 차량용 조명에서의 눈부심

자동차 조명 환경은 눈부심은 시인성을 낮추고 여러 가지 다른 영향을 미치는 중요한 문제 중에 하나이다. 본 장에서는 이러한 눈부심에 대한 정확한 CIE 모델을 살펴보고, 이러한 모델을 바탕으로 자동차 조명에서 눈부심의 영향에 대하여 개괄적으로 살펴본다.

4.1 눈부심에 대한 분류 및 불능 눈부심의 평가 방법

눈부심이란 적절하지 않은 분포나 밝기 범위나 심한 대비로 인하여 볼 수 있는 능력을 감소시키거나 또는 물체 등을 자세히 볼 수 없게 되는 시각 상태를 말한다[1]. 국내에서는 이러한 눈부심을 휘광(輝光)이라는 용어로도 사용하며, 눈이 순응된 휘도보다 훨씬 밝은 광원의 직사광 또는 반사광이 시야 안에 있음으로 인해 시력의 감소나 불쾌감이 생기는 것을 말하는 것으로 정의하고 있다[2]. 이러한 눈부심은 여러 형태의 빛에 대한 반응하여 나타나는 감각을 말한다. 일반적으로 시야를 위해서는 빛이 필요하지만, 지나치게 밝은 빛은 시야내에 물체에 대한 시인성을 감소시키며, 때로는 어떤 객체는 보이지 않게도 한다.

눈부심은 크게 불쾌 눈부심(discomfort glare)과 불능 눈부심(disability gloare)으로 나눌 수 있다. 불쾌 눈부심은 불편함으로 일으키지만 물체를 보는 시야를 악화시키지는 않은 눈부심을 말한다[1]. 반면에 불능 눈부심은 물체를 보는 시야를 악화시키는 것으로, 불쾌함을 반드시 일으키는 것은 아니다[1].

불능 눈부심은 광학 요소로서의 눈이 완전히 투명하지 않기 때문에 눈 안에서 빛이 산란되는 부분과 또한 눈의 공막(scleral wall)이나 홍채를 지나면서 적지만 확산이 일어나게 되는 것에 의하여 발생하게 된다[3]. 산란된 빛은 물체의 망막에 맺혀지는 이미지에 추가적으로 더해지게 된다. 이러한 추가적으로 더해지는 빛은 망사 커턴(net curtain)을 통하여 보는 것과 유사한 효과를 나타내기 때문에 베일형 휘도(veiling luminance)라고 한다.

산란된 빛에 의한 베일형 휘도는 강한 광원이 주변 시야(peripheral visual field)에 있으며 객체의 대비가 상대적으로 낮을 때 크게 영향을 미치게 된다. 베일형 휘도에 의한 대비 감소는 물체의 대비를 임계값이하로 낮추어 객체를 구분할 수 없게 하거나, 대비를 거의 임계값 가까이 낮추어서 알아 볼 수 없게 될 수도 있다. 불능 눈부심은 대비 민감도(contrast sensitivity)가 떨어지고 전조등이나 가로등과 같은 하나나 그 이상의 밝은 광원이 가시선(line of sight)상에 있는 야간에 종종 가장 중요하게 된다.

눈부심은 오래전부터 경험되어 왔지만, 이에 대한 과학적 연구는 헬름홀츠(Helmholtz)에 의하여 1852년 작성된 논문에서 볼 수 있다. 그 논문에서는 눈부심에 대하여 두 가지의 가능성을 제시하고 있다. 하나는 신경학적 설명이고 다른 하나는 물리학적인 설명이다. 헬름홀츠에 의하면 산란은 분명히 일어나며, 신경처리 과정에서 일어나는 것은 추가적인 실험을 통해서 알 수 있을 것으로 보았다.

그 후 70년이 지나서야 1911년에 코브(Cobb)에 의하여 [4] 균형 배경 기법(equivalent background technique)이 개발된 덕분에 실제적인 과학적인 실험연구가 진행되었다. 객체에 대한 시인성에 있어서의 차단 효과(masking effect)는 베일형 배경에 의하여 동일한 객체에 나타나는 차단 효과를 비교함으로써 불능 눈부심을 정량화할 수 있다. 이 방법을 사용한 많은 연구자들 중에 홀라데이(Holladay), 스틸스(Stiles), 그리고 그 후에 스틸스와 크로퍼드(Crawford)의 연구들이 있으며, 1939년 CIE에서 스틸스에 의하여 그 연구들의 결합된 결과가 발표되었으며, 이것이 전통적인 Stiles-Holladay(스틸스-홀라데이) 불능 눈부심 공식으로 알려지게 되었다.

$$L_{eq} = 10E_{glare}/\theta^2 \tag{4.1}$$

여기서 L_{eq}는 베일형 배경과 동일한 것으로 휘도 단위(cd/m^2)이고, E_{glare}는 눈부심을 일으키는 광원에 의한 눈에 미치는 조도로 베일형 휘도의 세기는 눈부심을 일으키는 광원의 세기 및 거리에 따라 달라지게 되며 단위는 룩스(lux)이고, θ는 광원과 가시선 사이의 각이다. 그림 4.1은 이러한 기하학적인 관계를 도식으로 나타낸 것이다. 식 (4.2)는 이러한 기하학적 관계식을 통하여 구한 주어진 광원으로부터 눈에 비치게 되는 조도를 수식으로 나타낸 것이다.

$$E_{glare} = \frac{I_{glare\cos\theta}}{d^2} \tag{4.2}$$

다수의 눈부심을 일으키는 광원들인 경우에는 각각의 광원에 대하여 계산하여 합해주면 된다. Stiles-Holladay 수식은 오랫동안 조명 연구자들에게 사용되어 왔으나, 몇 가지 한계점도 가지고 있다. 한계점으로는 $\theta = 0°$ 부근에서 차이가 크기 때문에 눈부심을 일으키는 각도가 너무 적지 않아야 하며, 연령에 따른 영향을 나타내고 있지 못하다는 것이다. 또한 눈부심을 일으키는 각도가 너무 큰 경우에도 잘 맞지 않는 것으로 나타났다. 이러한 문제를 해결하기 위하여 CIE에서는 관련된 과학적인 연구결과를 바탕으로 새로운 모델을 제시하게 되었다.

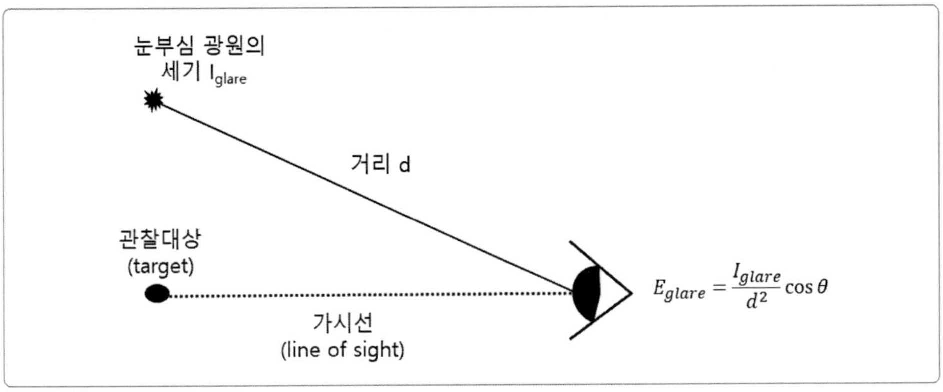

그림 4.1 눈부심을 일으키는 점광원과 보고자 하는 관찰대상이 이루는 기하학적 상황

4.1.1 연령에 따른 영향을 고려한 불능 눈부심 모델의 확장

Stiles-Holladay 수식은 오랫동안 조명 연구자들에게 사용되어 왔으나, 1°와 30° 사이의 각도에서는 원래 제안한 Stiles-Hollsday 모델이 잘 적용이 가능한데, 여기에 연령에 따른 영향을 고려하기 위해서는 연령에 따라 암스테르담의 Van den Berg 그룹에서 실험을 통하여 그림 4.2와 같은 데이터를 얻었다.

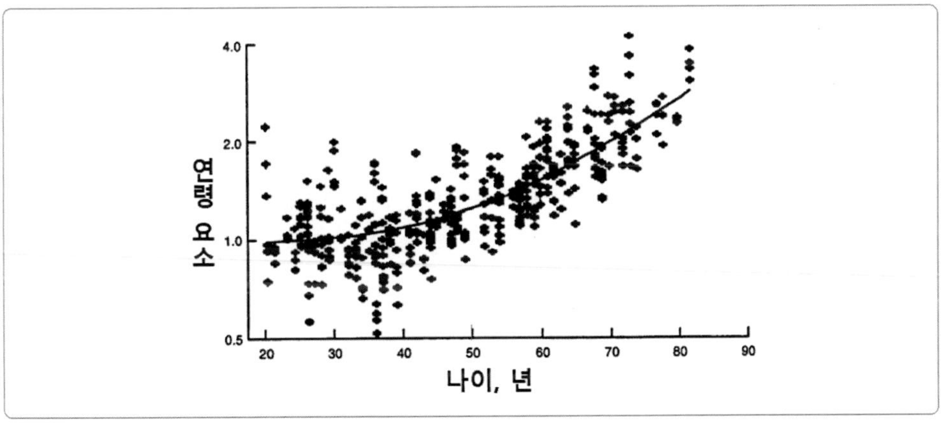

그림 4.2 연령이 불능 눈부심에 미는 영향 [5]

이 데이터를 바탕으로 연령에 따른 영향을 나타내는 연령요소는 20세를 기준으로 한 연령에 따른 영향에 대한 근사식으로

$$\text{연령 요소(Age factor)} = 1 + \left[\frac{A}{70}\right]^4 \tag{4.3}$$

로 나타낼 수 있다. 이를 통하여 원래의 Stiles-Holladay 불능 눈부심에 대하여 다음과 같이 CIE 연령에 따른 Stiles-Holladay 불능 수식을 나타낼 수 있다.

$$\left[\frac{L_{veil}}{E_{glare}}\right] = \frac{10}{\theta^2} \cdot \left[1 + \left(\frac{A}{70}\right)^4\right],\ 1^o \le \theta \le 30^o \tag{4.4}$$

이 수식에 따르면, 70세 이전까지는 연령에 따른 차이가 크게 나타나지 않으나 70세이 넘어가면 실제적으로 큰 영향을 미치게 되어, 70세에서는 두 배, 80세에서는 세 배의 영향을 미치게 됨을 볼 수 있다.

4.1.2 일반적인 불능 눈부심 모델의 확장

원래 제안한 Stiles-Hollsday 모델의 경우에 대상과 눈부심을 일으키는 광원사이의 각도인 θ는 $1/\theta^2$의 비로 감소하도록 되어 있으나, 각도가 매우 작거나 큰 경우에는 적용하는데 문제가 있다. 각도가 0에 가까워지면 관찰대상과 눈부심을 일으키는 광원이 이루는 각도가 매우 가깝게 되면 배일형 눈부심은 점 확산 함수(point spread function) 형태를 따르게 된다. 따라서, $1/\theta^2$의 값에 따라 무한대로 값이 크지는 대신에 $\theta = 0°$에서 최댓값이 되도록 하며 평평해진다. 그림 4.3은 넓은 각도 범위에서의 각도에 의존적인 L_{veil}/E_{glare} 특성을 보여준다.

실험데이터에 의하면 0.1°에서 1° 사이에서는 $1/\theta^2$보다 더 가파르게 변하게 되며, 작은 각도에서는 1°에서 30° 사이에 보여주었던 연령에 따른 의존성도 거의 사라지게 된다. 실험데이터에 의하면 1° 근처에서는 $1/\theta^2$의 해당하는 값이 $1/\theta^3$에 의존하는 것으로 보인다. CIE에서는 이러한 특성을 고려하여, 협각 불능 눈부심 공식(CIE Small Angle Disability Glare Equation)을 식 4.5로 제시하였다.

$$\left[\frac{L_{veil}}{E_{glare}}\right] = \frac{10}{\theta^3} + \left[\frac{5}{\theta^2}\right] \cdot \left[1 + \left(\frac{A}{62.5}\right)^4\right],\ 0.1^o \le \theta \le 30^o \tag{4.5}$$

큰 각도의 눈부심의 경우에는 시야각의 주변시 영역에서 보게 되고, 나이에 의한 영향과 눈동자 색깔에 따른 차이를 보이고 있다. 그림 4.3에는 30°보다 큰 각도를 가지는 부분에서 이러한 인종에 따라 달라지는 차이를 보여주고 있다.

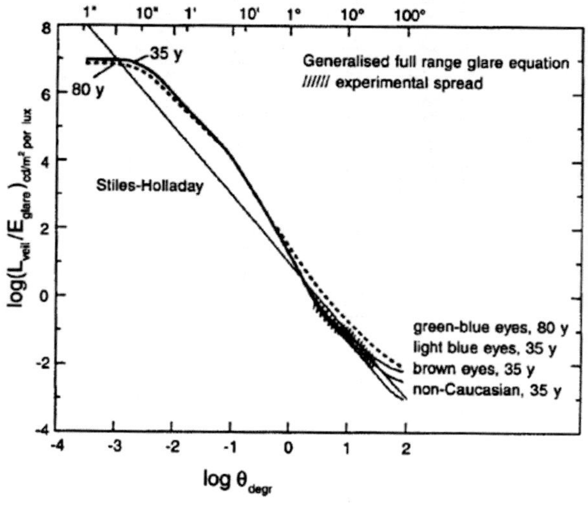

그림 4.3 각도 전영역에서의 L_{veil}/E_{glare}값의 의존성

이러한 점을 고려하여, CIE에서는 눈동자 색깔에 따라 검정색 눈은 p = 0 이고, 갈색 눈은 p = 0.5, 밝은 눈은 p = 1.0, 그리고 매우 밝은 눈은 p = 1.2를 가지는 눈동자 색에 따른 눈 색소 요소(eye pigmentation factor) p변수를 가진 일반화된 불능 눈부심 모델을 제시하였다. 이 모델은 각도 영역이 0.1°부터 100 °까지 적용이 가능하며, 연구 등에서 가장 일반적으로 사용할 수 있는 모델이다. CIE 일반 불능 눈부심 공식(CIE General Disability Glare Equation)은 다음 식 (4.6)과 같이 나타낼 수 있다.

$$\left[\frac{L_{veil}}{E_{glare}}\right] = \frac{10}{\theta^3} + \left[\frac{5}{\theta^2} + \frac{0.1p}{\theta}\right] \cdot \left[1 + \left(\frac{A}{62.5}\right)^4\right] + 0.0025p,\ 0.1^o \le \theta \le 100^o \qquad (4.6)$$

또한 안구 내에서의 빛의 베일 효과 뿐 아니라, 공기에서의 산란, 안개, 강우, 먼지, 차 앞의 창문 등에서의 안구 밖에서 이러나는 빛의 베일 효과도 있을 수 있다. 안구 밖에서 일어나는 베일형 휘도에 의한 영향은 안구 내에서 일어나는 베일형 휘도와 합해져서 영향을 미치게 된다. 하지만, 현재의 모델에서는 이러한 부분은 고려되고 있지 않다.

4.1.3 CIE 불능 눈부심 모델 적용 사례

눈부심은 교통 상황에서 문제가 심각하며, 간단하게 실제 제시된 모델을 적용하기 위하여 두 오토바이 운전자가 접근하는 경우를 생각해 볼 수 있다. 자동차의 경우에는 전조등이 왼쪽, 오른쪽 양쪽에 각 차량마다 있기 때문에 적용이 좀 더 복잡해진다. 고령자 운전자의 경우에는 시각적인 문제에 대하여 더욱 심각함을 보여주고자 한다.

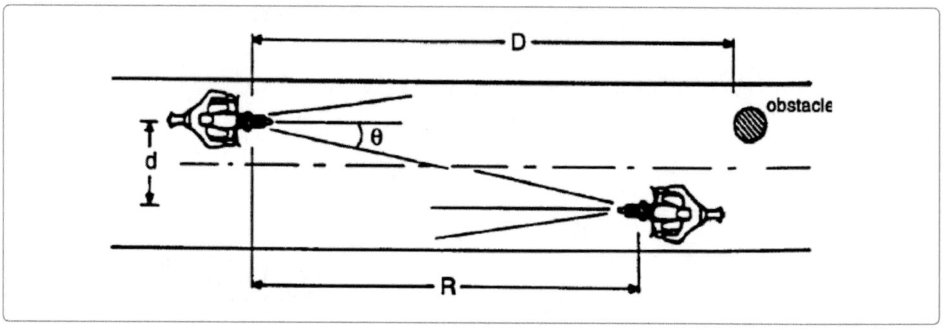

그림 4.4 두 대의 오토바이가 접근하는 경우의 교통 상황 예

눈부심을 일으키는 각 $\theta_{rad} = d/R$이다. 여기서 R는 오토바이 차량의 상호거리를 말하고, d는 측면 거리를 말한다. 따라서, $\theta_{\text{degree}} = (180/\pi)d/R$ 이고 $E_{gloare} = I/R^2$이때 광원의 세기는 교통장애물의 휘도는 $I_{opst} = \rho I/D^2$이며, ρ는 장애물의 반사계수이다. 우리가 베일형 눈부심과 비교한 장애물의 대비를 계산하면, 다음과 같다.

$$C = \frac{C_{obst}}{C_{veil}} = \frac{\rho I/D^2}{10\, I/R^2(1+[\text{나이}/70]^4)/\theta^2_{\text{degree}}} = \frac{\rho([180/\pi]d/D)^2}{10[1+(\text{나이}/70)^4]}$$

그러므로,

$$D_{\text{detection}} = (180/\pi)\, d\sqrt{\frac{\rho}{10\,C(1+[\text{나이}/70]^4}}$$

$\rho = 25\%$, $D = 5m$라고 가정하면,

$$D_{\text{detection}} = \frac{90}{\sqrt{(1+[\text{나이}/70]^4)}}$$

이 되며, 여기에 젊은이는 검출 거리가 90 m라고 하면, 나이가 70세이면 64 m로 줄고, 나이가 83세가 되면 52 m로 줄게 된다. 그리고, 이것은 브레이크 잡는 시간으로 환산하며, 젊은이는 3.2초, 70세는 2.3초, 83세는 1.9초를 의미하게 된다. 이러한 수치는 고령 운전자의 경우에 반응시간도 많이 걸리는 것을 고려할 때, 아주 심각한 문제가 됨을 볼 수 있다.

4.2 자동차 조명과 눈부심

미국 NHTSA에서 자동차 전조등의 눈부심에 대한 민원이 많이 발생함으로 자동차 조명에서 눈부심 및 안전에 미치는 영향에 대하여 조사하고 분석하는 업무를 수행했으며, 그 결과 보고서[7]는 자동차 전조등으로 인한 눈부심과 관련되어 시사하는 바가 크므로 본 교재에서 다루고자 한다.

차량의 전조등은 운전자의 시인성을 향상시켜 주는데 중요한 역할을 수행하지만, 시인성을 향상시키기 위하여 지나치게 광량을 늘어나게 되면, 다른 도로 사용자(상대방 운전자, 보행자)에게 눈부심을 야기하게 되므로 이 두 가지 요소를 잘 조절하는 것이 필요하다. 최적의 사용을 위해서는 충분한 광량이 나와서 운전자가 위험 상황을 잘 감지하도록 하면서 대항차에게는 최소한의 빛만을 줘야 한다.

차량에는 변환빔(흔히 하향등이라 불림)과 주행빔(흔히 상향등이라 불림)의 두 가지 빔 패턴이 있다. 주행빔은 전방 위쪽으로 고출력의 빛을 만들어내는 것을 목적으로 하고 있다. 따라서 주행빔은 대항차가 있을 경우에 받아들이기 힘든 눈부심을 발생시킬 수도 있다. 이러한 불쾌한 눈부심 때문에 일부, 특히 나이가 들어감에 따라 야간에 주행빔의 사용이 크게 줄어든다.

전조등은 차량의 전방을 비칠 뿐 아니라, 다른 도로 사용자에게 차량 자체가 보일 수 있도록 해 준다. 특히 야간에 가로등이 없는 길을 가는데 있어서는 주행도로의 시인성을 향상시키는데 없어서는 안 될 중요한 부분이 된다. 이와 같이 차량에 있는 조명이나 도로에 비추어주는 빛은 시인성을 향상시켜서 사고를 발생하는 것을 줄여주는데 중요한 역할을 하게 된다.

자동차 전조등의 눈부심에 영향을 미치는 요소로는 광원의 종류, 램프의 크기, 광원의 세기 등의 다양한 외부적인 요소와 순응 정도와 같은 환경적인 요소의 결합에 의하여 영향을 받게 된다. 그 뿐만 아니라, 대향차 운전자에게 비추어지는 광원의 양이나 광원이 비추는 기간 등에 의해서도 영향을 받게 된다. 또한 전조등의 지향각에 의해서도 눈부심이 많은 영향을 받은 것으로 보고되고 있다.

눈부심이 관연 운전 작업을 수행하는데 영향을 주는가? 눈부심이 직접적인 충돌사고의 원인이 되었다고 보고되는 것은 1%도 안 될지 모르나, 눈부심은 충돌 사고에 간접적으로 또는 부가적인 영향을 끼치는 것으로 보이기 때문에 완전히 배제할 수는 없다.

또한 눈부심은 고령자들이 야간에 운전을 하지 않으려는 큰 원인 중에 하나가 되고 있다.

운전에 있어서 안전성과 가장 관계있는 것 중에 하나가 시인성인데, 과연 눈부심은 시인성을 감소시키는가? 눈부심은 시인성을 두 가지 측면에서 감소시킨다. 첫 번째는 눈부심이 직접 보일 때이고, 이때 뿐만 아니라 대항차가 지나가고 나서도 또한 영향을 미치게 된다.

5장의 시인성에서 보다 자세히 살펴보겠지만, 눈부심은 완전 투명하지는 않은 눈 때문에 빛의 산란을 일으켜 베일형의 휘도를 배경 휘도와 관찰대상 휘도에 추가하게 되고 대비가 베일형 휘도가 없을 때에 비하여 상대적으로 떨어져 시인성이 떨어지게 된다. 이러한 산란에 의한 영향은 나이가 들어감에 따라 더 민감하게 경험하게 된다.

이러한 불능 눈부심으로 인하여 실제적으로 1) 물체를 감지하지 못하게 되기도 하고, 2) 가시 거리가 줄어들고, 3) 반응시간이 늘어나며, 4) 검출 확률이 줄어드는 것을 필드 테스트를 통하여 확인할 수 있다.

그 뿐 아니라, 대항차가 눈부심을 일으키며 지나가고 나면 잠시 눈이 잘 안보이거나 보기 어렵게 된다. 그리고 대항차가 지나가고 나서도 시력이 회복되기 위해서는 추가적인 시간이 필요하다. 이것을 복구 시간(recovery time)이라고 하며, 이로 인한 영향도 매우 중요한 문제가 된다.

4.2.1 전조등에 의한 불쾌 눈부심

시야 내에 순응 휘도 보다도 현저하게 높은 휘도의 물체가 나타날 경우 시각의 능력이 반드시 저하되는 것은 아니지만 눈부신 것을 느끼거나 눈의 피로를 일으키는 일이 있다. 이처럼 심리적 불쾌감에 기초한 눈부심을 불쾌 눈부심이라고 한다. 불쾌 눈부심은 시계성을 감소시키는 것은 아니나 마주 오는 차량 운전자의 심리적 안정을 해쳐 야간 교통사고를 유발하는 요인으로 작용할 수 있다. 자동차의 전조등 에 있어서 눈부심은 안전운전에 직접적인 영향을 준다. 불쾌 눈부심은 눈을 피로하게 하여 장거리 운전을 힘들게 하며 불능 눈부심은 순간적으로 운전자의 시계능력을 떨어뜨리므로 안전사고를 유발할 수 있다.

자동차 전조등에서 눈부심의 발생 원인을 찾아보면 우선 광원을 들 수 있다. 자동차 전조등의 광원은 일반적으로 필라멘트를 사용하는 할로겐 전구인데 이 경우 필라멘트의 설치정도(精度)가 떨어지는 경우 빛이 원하는 방향으로 가지 못하므로 눈부심이 발생되며, 또한 필라멘트를 잡아주는 몰리브덴바가 열을 받아 빛을 낼 때 원하지 않는 부분까지 광원 역할을 하게 되어 눈부심을 유발하게 된다. 두 번째로 전조등 반사경에서 찾을 수 있는데 반사경면의 단차 부분에서 생기는 것과 수축, 뒤틀림 등으로 인한 반사경 면의 변형에서 그 원인을 찾을 수 있으며, 세 번째로 반사경을 싸고 있는 베젤(Bezel)과 금속성의 보조범퍼에 전조등의 빛이 산란되어 눈부심을 유발 하게 된다. 따라서 우리나라 및 유럽에서는 차량상태에 일정한 관측각을 규정하여 전조등의 설치상태를 규정화 하고 있다. 이러한 눈부심을 고려하여 전조등의 설계시 눈부심의 평가는 9단계로 분류한 드보어 스케일(Deboer Scale)[참고 4-8]이 주로 사용되고 있으며, 그 등급은 다음의 표 4.1과 같다.

| 표 4.1 | Deboer Scale에 의한 눈부심 등급[참고 4-8]

Deboer Scale No.	눈부심 등급	
1	Unbearable	참을 수 없을 정도임
2	↑	
3	Disturbing	불쾌함
4	↑	
5	Just Admissible	허용 가능함
6	↓	
7	Satisfactory	만족함
8	↓	
9	Unnoticeable	매우 만족함

위의 표에서 알 수 있는바와 같이 전조등의 불빛이 강하여 대항차 운전자의 눈의 순응휘도값이 클수록 Deboer Scale No.가 작아져 불쾌한 눈부심을 유발함을 알 수 있다.

Schmit-Clausen and Bindels의 Deboer scale을 이용한 자동차 조명의 눈부심에 대한 연구를 수행하여, 4.1절에서 살펴보았던 불능 눈부심과 유사하게 불쾌 눈부심에 대하여 영향을 미치는 요소를 분석하고, 이를 바탕으로 관계 모델을 구할 수 있도록 하였다. 본 연구에서는 불쾌 눈부심 평가에 있어서의 눈부심 조도(E_B), 순응휘도(L_U), 눈부심 각도(θ), 다수의 눈부심 광원의 영향을 살펴본다.

눈부심 조도 E_B의 영향

그림 4.5는 불쾌 눈부심 평가등급 W가 5인 경우의 눈부심 조도 선택빈도 분포도를 보여준다($W=5, L_U=1.9\times100\ cd/m^2, \theta=60'$, 피험자수=306명). 선택빈도 분포도는 $f=10\%\sim90\%$ 사이에서 직선분포를 보이며 이는 로그정규분포와 일치한다고 볼 수 있다. $f=50\%$에서 $E_B=1.5\times10^{-1}$ lux이다. 이 분포도를 L_U, θ에 대한 함수로 표현하더라도 로그정규분포를 따른다.

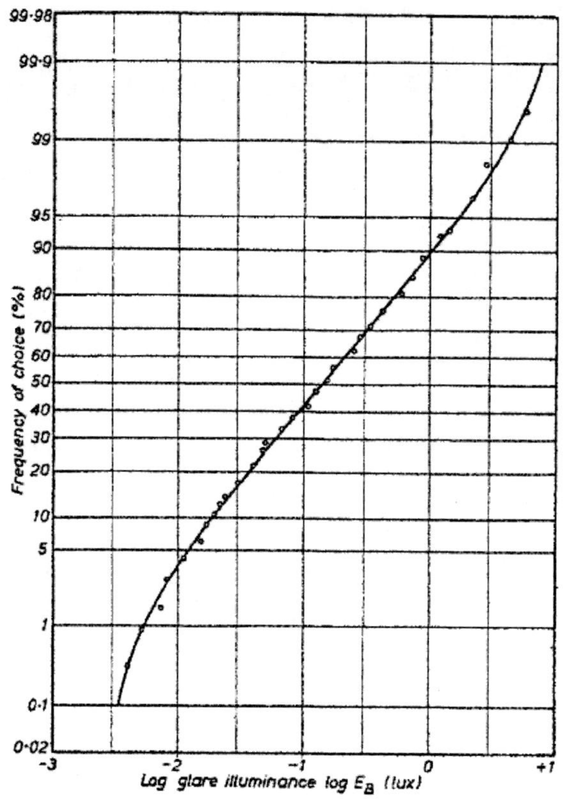

그림 4.5 불쾌 눈부심 평가등급 $W=5$인 경우의 눈부심 조도 선택빈도 분포
($W=5, L_U=1.9\times100\ cd/m^2$, $\theta=60'$, $n=306$)

그림 4.6은 불쾌 눈부심 등급을 눈부심 조도 E_B에 대한 함수로 표현한 것이다. 이를 수식으로 표현하면 식 (4.7)과 같다.

$$W(E_B) = 3.5 - 2\log E_B \quad (4.7)$$

눈부심 조도 E_B의 10배 변화는 등급 W의 2칸의 변화에 해당한다. 따라서, E_B가 1 lux라면 W는 3.5이다. $W=5$를 얻기 위해서는 눈부심 조도 E_B는 1.8×10-1 lux 이어야 한다. 이 값은 $f=50\%$일 때의 그림 4.5와 일치한다. $W=5$에서의 E_B를 만족하도록 하는 눈부심조도를 C_p라고 할 때, 이 C_p를 바탕으로 식 (4.7)은 식 (4.8)로 표현할 수 있다.

$$W(E_B) = 5.0 - 2\log\frac{E_B}{C_P} \quad (4.8)$$

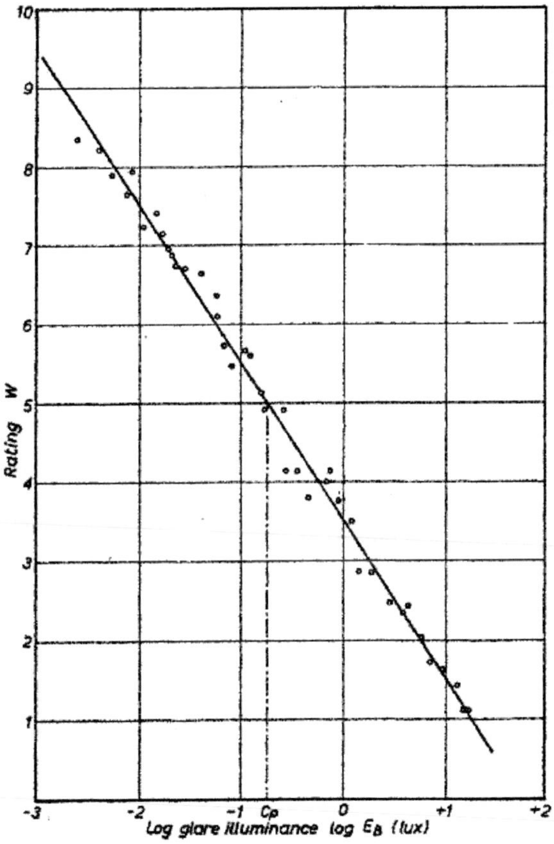

그림 4.6 불쾌 눈부심 평가등급 W와 눈부심 조도 E_B의 관계도
($W=5, L_U=1.9\times 100\ cd/m^2,\ \theta=60',\ n=2240$)

순응휘도 L_U와 눈부심 각도 θ의 $L_U W$에 대한 영향 또한 위의 식 (4.7)을 확장하여 표현할 수 있다. 그림 4.7은 눈부심 각도 $\theta = 60'$인 경우, 순응휘도 L_U를 파라미터로 두었을 때 눈부심 조도 E_B에 대한 눈부심 평가등급 L_U를 보여준다. $W=5$를 만족하는 눈부심조도 C_p 값은 순응휘도 L_U가 커질수록 증가한다. 이를 식으로 표현하면 다음과 같다.

$$W(E_B) = 5.0 - 2\log\frac{E_B}{C_P(L_u)} \tag{4.9}$$

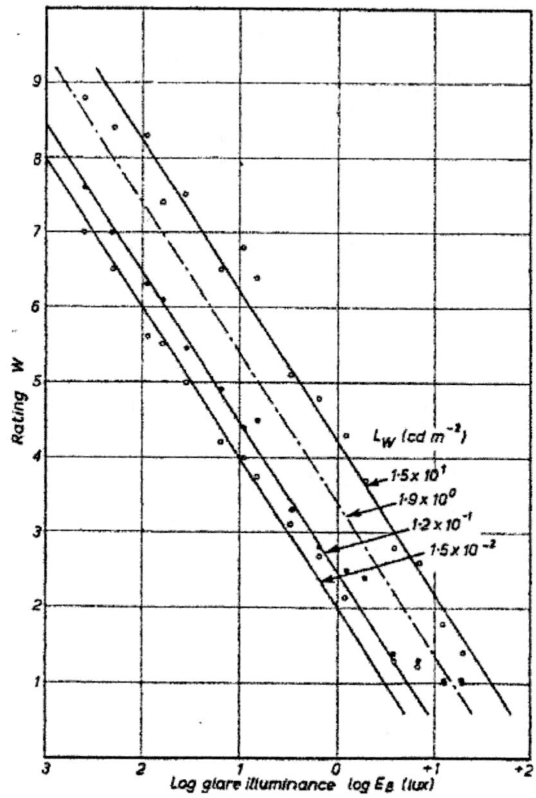

그림 4.7 불쾌 눈부심 평가등급 W와 눈부심 조도 E_B의 관계도 ($\theta = 60'$, L_U)

그림 4.8은 $L_U = 1.9 \times 100\ cd/m^2$인 경우 θ를 파라미터로 두었을 때 눈부심 조도 E_B에 대한 눈부심 평가등급 W를 보여준다. C_p 값은 θ 값이 커질수록 증가한다. 이를 식으로 표현하면 다음과 같다.

$$W(E_B) = 5.0 - 2\log\frac{E_B}{C_P(\theta)} \tag{4.10}$$

그림 4.7과 그림 4.8로부터 C_p는 다음과 같이 L_U와 θ의 함수로 표현할 수 있다.

$$C_p = f(L_u, \theta) \tag{4.11}$$

따라서, 식 (4.8)은 순응 휘도 및 눈부심 각도를 고려하여 다음 식 (4.12)로 표시할 수 있다.

$$W(E_B) = 5.0 - 2\log\frac{E_B}{C_p(L_u, \theta)} \tag{4.12}$$

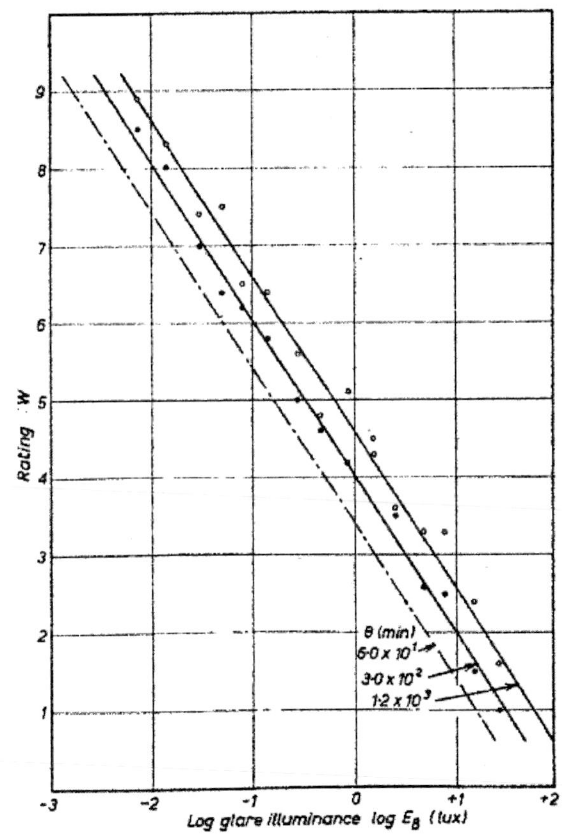

그림 4.8 불쾌 눈부심 평가등급 W와 눈부심 조도 E_B의 관계도 ($L_U = 1.9 \times 100\ cd/m^2$, θ)

순응 휘도 L_U의 영향

그림 4.9는 눈부심 각도 $\theta = 60'$인 경우, 눈부심 조도 E_B에 따라 순응휘도 L_U가 눈부심 평가등급 W에 미치는 영향을 보여준다. 그림을 보면, 두 개의 점근선을 볼 수 있다. 이는 L_U가 작은 경우 눈부심 평가등급 W가 상수를 가지며, L_U가 큰 경우 W가 L_U에 가까운 값을 가짐을 보여준다. 또한 E_B가 증가함에 따라 눈부심 평가등급 W가 하락함을 알 수 있다. 이를 수식으로 표현하면 다음 식 (4.13)과 같다.

$$W(L_U) = W_O(E_B) + 2\log\left[1 + \sqrt{\frac{L_U}{C_{pL}}}\right] \tag{4.13}$$

여기에서 $W_O(E_B)$는 W의 수평점근선이며, C_{PL}은 $4.0 \times 10^{-2}\ cd/m^2$이다. E_B가 증가함에 따라 W는 하락하기 때문에 $W(L_U)$를 구할 때, $W_O(E_B)$를 알아야 하며, 이는 그림 4.7로부터 찾을 수 있다. 또한 E_B가 상수일 때, 눈부심 각도 θ에 따른 L_U의 W에 대한 영향은 그림 4.9와 유사하다. L_U가 증가할 때 W가 증가하는 부분의 점근선의 시작은 L_U가 C_{PL}값을 가질 때이다. 이를 고려하여 순응휘도 L_U가 눈부심 평가등급 W에 미치는 영향을 수식으로 표현하면 다음 식 (4.14)와 같다.

$$W(L_U) = W_O(E_B, \theta) + 2\log\left[1 + \sqrt{\frac{L_U}{C_{pL}}}\right] \tag{4.14}$$

또한, $W_O(\theta)$는 그림 4.8로부터 얻을 수 있다.

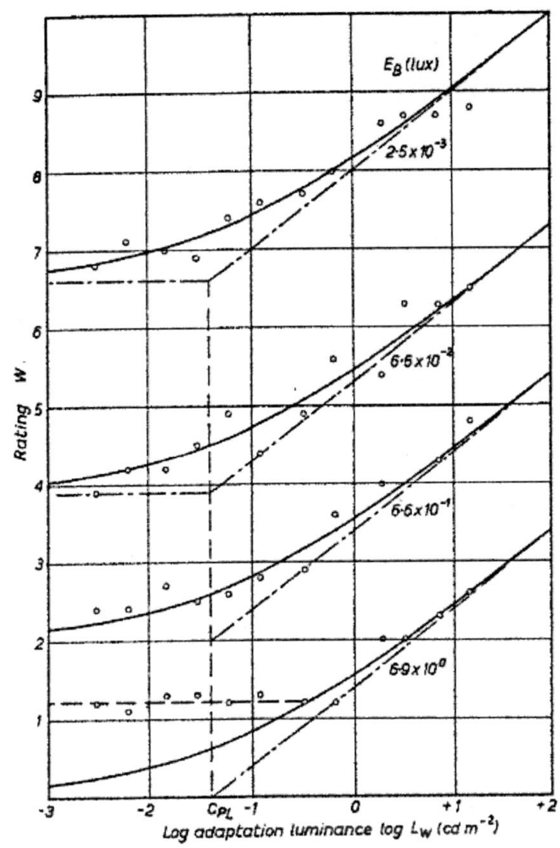

그림 4.9 불쾌 눈부심 평가등급 W와 순응휘도 L_U의 관계도 ($\theta = 60'$, E_B)

눈부심 각 θ의 영향

그림 4.10과 그림 4.11은 불쾌 눈부심 평가에서 눈부심 각도 θ가 미치는 영향을 보여준다. θ와 W간의 의존성은 눈부심 조도 E_B가 3.3×10^{-1} lux이고 L_U를 변수로 두었을 때 그림 4.10과 같다.

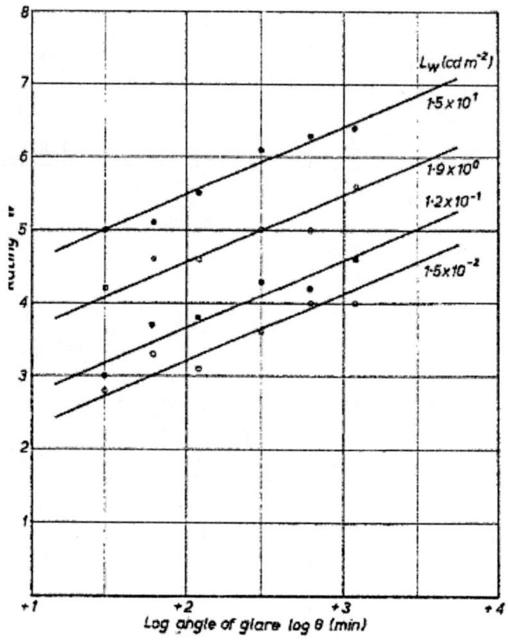

그림 4.10 불쾌 눈부심 평가등급 W와 눈부심 각도 θ의 관계도 ($E_B = 3.3 \times 10^{-1}$ lux, L_U)

순응휘도가 증가할수록 $W(\theta)$도 증가하며, 이를 수식으로 표현하면 다음 식 (4.15)와 같다.

$$W(\theta) = W_O(L_u) + 2\log\theta^{0.46} \tag{4.15}$$

그림 4.10에서의 W는 서로 다른 순응휘도에 대해 병렬적인 직선이므로, $W_O(L_U)$는 그림 4.8에서 $W(L_U)$를 구하는 방식으로 구할 수 있다. 위의 식과 같이, 병렬적인 직선의 기울기는 $2 \times 0.46 = 0.92$이다. 만일 θ가 10배 증가하면, $W = 0.92$가량 증가한다.

θ에 대해 E_B가 W에 영향을 미치는 것은 그림 4.11에 나와 있다. L_U는 1.9×100 cd/m2이다. E_B가 증가할수록 W는 감소한다. 이들의 관계는 다음 식 (4.16)과 같다.

$$W(\theta) = W_O(E_B) + 2\log\theta^{0.46} \tag{4.16}$$

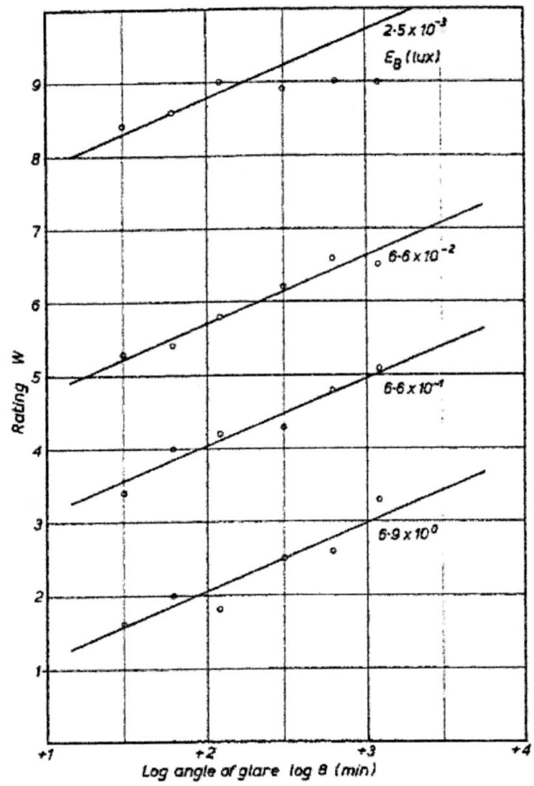

그림 4.11 불쾌 눈부심 평가등급 W와 눈부심 조도 E_B의 관계도 ($L_U = 1.9 \times 10^0\ cd/m^2, \theta$)

그림 4.11의 직선은 병렬적이기 때문에, $W_O(E_B)$는 어떤 임의의 θ에 대해서 그림 4.6으로부터 얻어진 식으로부터 구할 수 있다. θ에 대해 위의 두 식이 만족하므로 이를 요약하면 다음 식 (4.17)과 같다.

$$W(\theta) = W_O(E_B, L_u) + 2\log\theta^{0.46} \tag{4.17}$$

다수의 눈부심 광원에 의한 영향

지금까지 논의에서는 한 개의 광원인 경우에 대해서만 고려되었다. 여러 개의 눈부심 광원이 보이는 경우에 대한 실험을 바탕으로, 서로 다른 θ, E_B, L_U값을 가진다면 불쾌 눈부심 등급은 식 (4.18)에 표시된 것과 같이 개별적인 광원의 불쾌 눈부심의 합으로 표현할 수 있다.

$$W = 5.0 - 2\log \sum \frac{E_{Bi}}{Cpi} \tag{4.18}$$

식 (4.18)의 정확성을 확인하기 위하여 두 개의 광원에 대하여 개별 광원에서 평가한 불쾌 눈부심과 이를 바탕으로 계산한 W_{calc}과 실제 평가된 눈부심 W_{calc}의 관계를 그림 4.12는 보여주고 있다.

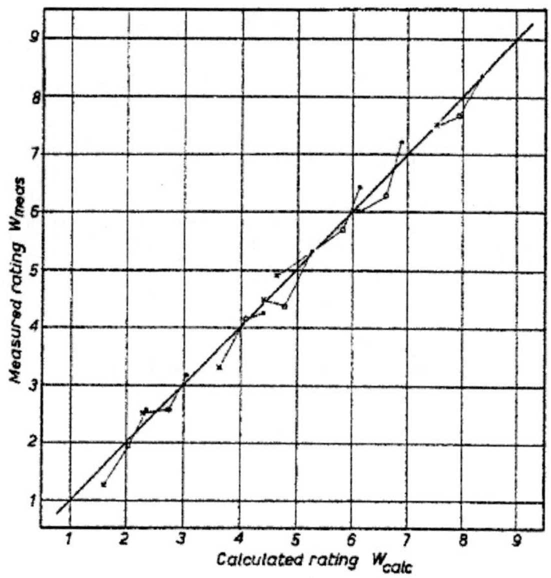

그림 4.12 불쾌 눈부심 계산 등급과 실제 평가 등급의 비교
(• : $\theta = 60'$, ○ : $\theta = 300'$, × : $\theta = 60'$, $\theta = 300'$)

그림 4.12에서 보여주는 실험은, 전형적인 테스트에서 불쾌 눈부심 평가는 눈부심 각도의 경우 $\theta = 60'$, $\theta = 300'$, 눈부심 조도의 경우 $E_B = 3.0 \times 10^{-3}$ lux에서 9.6×10^{0} lux 범위에서 평가되었다. $\theta = 60'$에서는 $\theta = 300$인 경우보다 눈부심 조도의 팩터가 3 만큼 적었다. 그림 4.12에서 이러한 결과를 보여준다(• : $\theta = 60'$, ◦ : $\theta = 300$). 두 개의 광원을 이용하여 함께 평가한 결과와 조합하여 얻은 결과를 위의 식을 이용하여 계산하여 그림 4.12에 ×로 표시하였다. 측정 결과는 가는 선으로 표시하였다. 그림의 굵은 선은 $W_{meas} = W_{calc}$인 경우의 기준선이다. 세 개 이상의 광원을 이용하면 비슷한 결과를 얻을 수 있다. 이러한 결과는 위에서 제시한 식이 관찰자의 시야 안에 여러 개의 광원이 있을 때의 효과를 충분히 정확하게 묘사함을 보여준다.

불쾌 눈부심에 대한 일반화 모델

불쾌 눈부심 평가에 있어서의 눈부심 조도(E_B), 순응휘도(L_U), 눈부심 각도(θ), 다수의 눈부심 광원의 영향을 살펴보았다. 다음의 식은 이러한 파라미터들의 영향을 표현하기 위해 식 (4.12), 식 (4.14), 식 (4.17), 식 (4.18)에서 유도되었다.

이를 불능글레어와 마찬가지로 하나의 식으로 표현하면, 식 (4.19)과 같다.

$$W = 5.0 - 2\log\frac{E_B}{C_{poo}\left[1+\sqrt{\dfrac{L_u}{C_{pL}}}\right]\theta^{0.46}} \tag{4.19}$$

여기서 $C_{poo} = 3.0 \cdot 10-3$ lux min$^{-0.46}$이고, $C_{PL} = 4.0 \cdot 10^{-2}$ cd/m^{-2}이다. 이 관계식을 이용하여 눈부심 조도(E_B), 순응휘도(L_U), 눈부심 각도(Θ)의 임의의 조합에 대한 불쾌 눈부심 등급 W를 계산하는 것이 가능하다. 예를 들어 그림 4.13은 불쾌 눈부심 등급이 $W=3$, $W=5$, $W=7$인 경우의 3차원 균일평가 영역(iso-assessment area)을 보여준다.

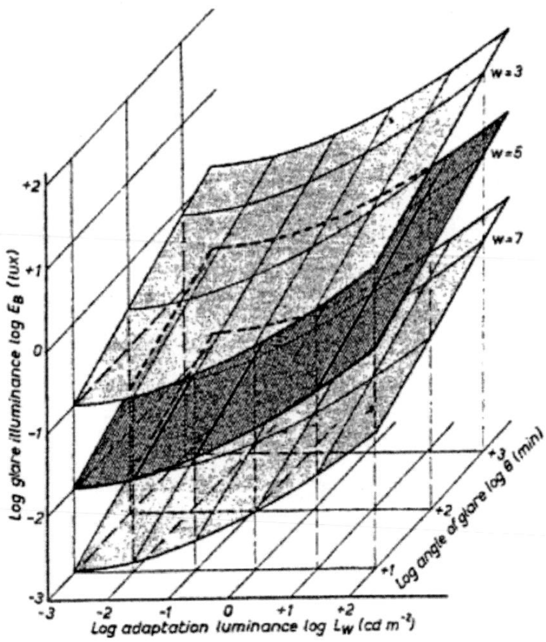

그림 4.13 눈부심의 균등 평가영역의 예

평면 $E_B-\theta$에서는 θ가 증가함에 따라 균일평가 영역은 선형적으로 증가하며, 기울기는 불쾌 눈부심에 대한 Holladay exponent $\gamma=0.46$에 의해 결정된다. 평면 E_B-L_U에서는 균일평가 영역은 아래와 같은 식에 일치하는 두 개의 점근선에 접근한다.

$$f(L_u)=\left[1+\sqrt{\frac{L_u}{C_{pL}}}\right]$$

낮은 휘도 L_U에서 눈부심 조도 E_B는 주어진 W에 대해서 수평한계치에 거의 근사되며, 높은 L_U에서는 E_B는 증가하며, $E_B\simeq\sqrt{L_u}$이다. 점근선이 만나는 지점으로서 C_{PL}을 결정하는 지점들은 그림 4.13에서 생략하였다. 이러한 결과들은 불능 눈부심을 평가하는 결과의 식과 유사하다.

불능 눈부심을 실제에 적용하는 예를 살펴보자. 식 (4.19)를 정리하면 다음과 같이 식 (4.20)으로 표현할 수 있다.

$$w = 2\log(1+269.0966L_u)-2\log\left(\sum_{i=1}^{2}\left(\frac{E_i}{\theta_i^{0.46}}\right)\right)-2.1097 \qquad (4.20)$$

여기서 W : Deboer scale

L_U : 눈의 순응휘도 (Fl)

E_i : 운전자 눈 위치에서의 조도 (Ft-Cd)

θ_i : 운전자의 시야와 전조등 사이의 각도(분) 이다.

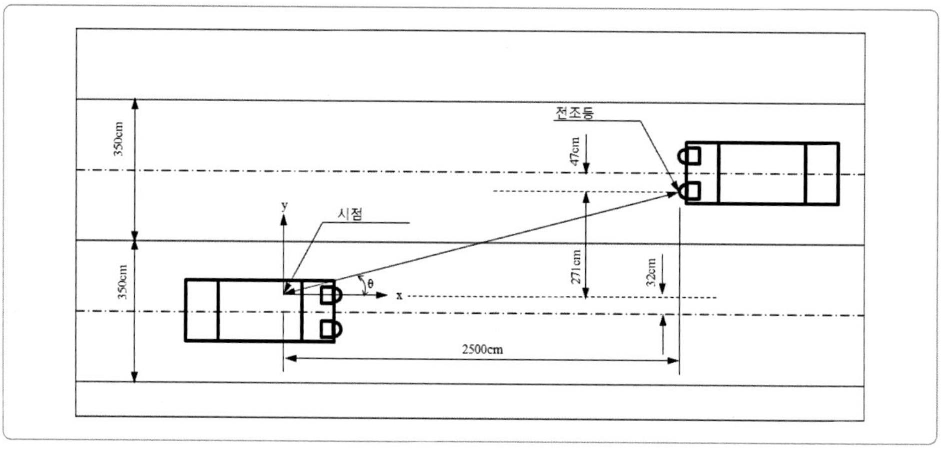

그림 4.14 대향차 전조등과 운전자의 위치

위의 그림 4.14는 실차상태의 운전조건에서, 전조등에 따라 어느 정도의 불쾌 눈부심을 유발하는가를 평가하기 위하여 대향차 전조등과 자기차 운전자의 눈위치에 관한 상관관계를 보여준다. 이는 일반 소형 자동차를 기준으로 다음과 같은 가정을 한 것이다.

- 전운전자의 눈위치 : 100 cm
- 전전조등 설치높이 : 62 cm
- 전전조등 설치간격 : 94 cm
- 전도로폭 : 350 cm
- 전자동차 중심과 운전자의 눈위치 사이의 간격 : 32 cm
- 전마주오는 차와의 거리 : 2,500 cm

한편 운전자 눈위치에서의 조도(E_i)는 Schmit-Clausen and Bindels 의 Deboer scale을 이용한 "조도함수에 따른 불쾌 눈부심"에 따라 0.7 Lx가 기준이되며 [참고 4-9], 운전자의 시야와 전조등 사이의 각도(S_i) 는 삼각함수에 의해 계산으로 구하면 371분을 적용할 수 있다. 따라서 식 (4.20)을 이용하여 눈의 순응휘도(L_U)를 계산할 수 있다.

$$w = 2\log(1+269.0966L_u) - 2\log\left(\sum_{i=1}^{2}\left(\frac{E_i}{\theta_i^{0.46}}\right)\right) - 2.1097$$

$$\log\left(\sum_{i=1}^{2}\left(\frac{E_i}{\theta_i^{0.46}}\right)\right) = \log(1+269.0966L_u) - \left(\frac{W+2.1097}{2}\right)$$

$$L_u = \frac{\left(\frac{E_i}{\theta_i^{0.46}}\right)\times 10^{\frac{(W+2.1097)}{2}} - 1}{269.0966}$$

이 공식에 따라 계산된 값이 $W>4$이면 전조등 빛에 의한 불쾌 눈부심의 영향이 미미하여 무시할 수 있는 것으로 간주할 수 있다.

최근에는 PWM 제어와 같은 동적 변동 상태에서의 눈부심에 대한 연구가 진행되었으며[참고 4.10], 최근의 연구에서는 불쾌 눈부심이 휘도보다는 조도와 깊은 관련이 있으며, 이를 바탕으로 한 확장 모델도 제시되었다[참고 4.11].

참고 문헌

[1] CIE e-ILV: http://eilv.cie.co.at/

[2] 산업안전대사전, 도서출판 골드

[3] Van den Berg et al., 1991 Dependence of intraocular straylight pigmentation and light transmissian through the ocular wall. Visim Res. 31:1361-1367.

[4] Cobb PW, The influence of illumination of the eye o visual acuity, Am J Physiol 1911, 86:501-523.

[5] IJspeert, JK, De Waard PWT, Van den Berg TJTP, De Jong PTVM. The intraocular stray-light function in 129 bealthy volurteers : dependence an angle, age, and pigmentatim, *vision Res.* 1976; 16:215-219.

[6] Vos JJ, Padmos P. stray light, contrast sensitivity and the critical object in relation to tunnel entrancre lighting. *Proc. 20th CIE sessim,* 1983;I, D 404:1-4.

[7] NHTSA 보고서, 2008, Nighttime glare and driving *performance : research findings,* DOTHS 811 043.

[8] De Boer, J.B. 1967. Visual perception in road traffic and the field of vision of the motorist. In Public Lightin. Eindhoven, Netherlands: Philips Technical Library.

[9] Schmidt-Clausen, H. -J., Bindels, J. Th. H. 1974, Assessment of discomfort glare in motor vehicle lighting, Lighting Research and Technology, vol. 6, no. 2, pp. 79-88.

[10] Lehnert, P. 2011. Disability and discomfort glare under dynamic codnitions-the effect of glare stimuli on the human vision, PAL, pp. 582-592.

[11] Bullough, J. D. 2011. A method for estimating discomfort glare from exterior lighting systems. ASSIST, vol. 9. no. 1.

05 시인성 모델

자동차 조명 설계 및 개발에 있어서 개발된 조명에 의하여 보행자나 장애물 등을 얼마나 잘 검출하고 인식할 수 있는가 하는 것은 매우 중요한 문제이며, 이러한 문제에 대한 해결하기 위하여 시인성 모델이 개발되고 활용되고 있다. 본 장에서는 아드리안(Adrian) 시인성 모델 및 그 확장 모델을 검토함으로써 자동차 조명에 사용되는 시인성을 이해할 수 있도록 한다.

5.1 기본 아드리안 시인성 모델
5.2 아드리안 시인성 모델의 확장
5.3 눈부심에 의한 시인성 영향 모델
5.4 시인성 모델의 일반화

5.1 기본 아드리안 시인성 모델

조명 설계, 특히 자동차 조명의 설계에 있어서는 어떤 조건에서 대상물체를 검출할 수 있는가 하는 것이 매우 중요한 문제이다. 이것은 운전자가 도로 상황에서 보행자나 장애물을 만났을 때, 그 보행자나 장애물을 검출할 수 있는지를 예측할 수 있도록 한다. 또한, 어떤 조건에서 대상을 검출할 수 있는지를 알면, 그러한 조건을 만족시키기 위해서는 조명을 얼마만큼 세게 해야 할지도 추정을 할 수 있을 것이다.

시인성이란 물체를 얼마나 잘 검출할 수 있는지를 수치적으로 나타낸 것이다. 시인성 모델이란, 이러한 시인성을 측정하거나 또는 주어진 조건에서의 시인성을 판별할 수 있는 모델로 조명 설계에 있어서 매우 중요한 역할을 할 수 있다.

이러한 시인성 모델을 개발하는데 있어서 조명의 밝기는 시감도를 고려한 인간시각에서 느끼는 광도 휘도값을 가지고 판별하도록 한다. 이를 L_{eq}로 표현한다면, 이 대응휘도는 명소시에는 광도 휘도계로 측정한 값과 동일할 수 있으나 암소시 및 박명시에는 순응 조건에 따라 다른 시감도를 바탕으로 구하는 것이 필요하다.

물체나 대상을 검출하는 임계값을 구하는 방법에는 크게 두 가지 방법이 있다. 하나는 강제 선택 방법(forced choice method)이라고 해서 조명 조건을 바꾸어가며, 보이는지 여부를 선택하도록 할 수 있다. 때로는 보이는지 여부 뿐 아니라 어느 것이 보이는지와 같이 추가적인 검증을 통하여 추측에 의한 반응을 최소화할 수도 있다. 다른 방법으로는 조절 방법(method of adjustment)이라는 것이 있으며, 이 방법의 경우에는 임계값 이하에서 시작하여 검출하고자 하는 물체가 보일 때까지 조명 밝기와 같은 자극의 강도를 점점 세게 하여 주어진 조건에서 물체를 검출하기 위하여 필요한 밝기와 같은 변수 값들을 구하는 것이다. 강제 선택 방법은 조절 방법보다 임계값이 2.4배 높은 것으로 알려져 있다. 따라서, 서로 다른 방법을 사용한 데이터를 비교 분석해야 한다면, 원래 구한 값에 구한 방법에 따른 임계값의 차이를 고려하여 동일한 방법에 해당하는 값으로 변환할 필요가 있다.

자동차 조명에서 물체의 검출 시인성을 평가하는데 있어서 가장 널리 사용되는 모델 중에 아드리안 모델(Adrian Model)이 있다. 이 아드리안 모델은 1969년에 휘도의 차이값을 바탕으로 한 시인성 모델로 제시되었다. 아드리안 모델은 백색이나 백색에 가까운 조명을 사용했으며, 배경과 검출대상의 휘도 차이만을 고려했다. 야간 운전 상황과 같은 박명시에는 컬러가 큰 영향을 미치지 않는 것으로 알려져 있으며, 밝기의 차이에 대한 민감도는 파장에 영향이 없는 것으로 알려져 있다. 기본 아드라안 모델은 추후에 관찰시간, 연령 등을 고려하여 확장되었다.

기본 아드리안 모델을 개발하기 위하여 먼저 휘도 차이를 정의할 필요가 있다. 휘도 차이(ΔL)는 다음 식과 같이 관찰대상의 휘도에서 배경 휘도를 뺀 값을 말한다. 이 휘도값은 배경휘도가 전경 휘도보다 더 밝은 경우에는 음의 값을 가지게 된다. 측정된 휘도값은 50%의 확률로 물체를 볼 수 있는 임계값을 나타낸다. 만약에 99.93%의 확률로 물체를 볼 확률을 알고 싶다면, 각 조건에서의 임계값의 분포가 정규분포를 따르고, 이 정규분포의 표준편차가 σ라고 하면, 50%의 확률로 구한 임계값에 2.6σ만큼 이동하면 된다. 이 값은 조정 방법에 의한 값이 50% 확률에서 구한 값보다 2.4배 해 준 것과 유사한 결과이다.

$$\Delta L = L_{target} - L_{background} \tag{5.1}$$

아드리안 모델은 실제적으로는 두 개의 시인성과 관련하여 알려져 있는 두 개의 다른 법칙의 결합이다. 하나는 Ricco의 법칙이고, 다른 하나는 Web의 법칙이다. Ricco의 법칙은 수용체(receptive field)에 일어나는 누적연산과 연관된 것으로, Ricco의 임계각(Ricco's critical angle)에 의하여 표시되는 물체의 크기와 요구되는 대비의 비를 보면, 임계각이 작을수록 요구되는 contrast가 커지는 것을 볼 수 있다. 이것은 수용체에 배경과 구분하기 위해서는 수용체에서 임계값을 넘어서는 일정한 광량이 필요하다고 보면, 이 광량은 물체가 작을수록, 즉 임계각이 작을수록 배경에 비하여 더 센 광량이 있어야만 임계값에 도달할 수 있을 것이다. 웨버의 법칙(Weber's law)은 큰 객체에 대해서는 임계값이 배경 휘도에만 의존한다는 것이다. 즉, 객체의 크기가 일정한 크기 이상이 되면, 해당하는 객체의 크기가 개별 수용체가 담당하는 영역을 채우기 때문에 추가적인 누적이 필요하지 않고, 따라서 단지 배경에만 의존하게 된다는 것이다.

실제로 모델을 개발하기 위해서는 여러 가지 조명 조건에서 물체 검출에 대한 데이터가 필요하다. 당시에 널리 알려진 데이터로 Blackwell 데이터[1]를 비롯하여, Aulhorn 데이터와 Adrian 데이터가 있었다. Backwell 데이터는 강제 선택 방법이었고 Aulhorn과 Adrian 데이터는 조절 방법이었으며, 앞에서 이야기 한 방법으로 조정 후에 사용한다. 그림 5.1은 이러한 두 모델의 결합에 의하여 제시되는 아드리안의 시인성 모델의 개발에 사용된 데이터를 보여준다. 이 데이터는 배경휘도가 $10^3 cd\,m^{-2}$인 경우에 관찰대상의 크기에 따라 요구되는 양의 대비를 보여준다. 이 데이터에 따르면, 작은 대상

객체의 경우에는

$$\log \Delta L = -2\log\alpha + k|_{\alpha\to 0}$$

으로 나타낼 수 있으며, 이 식은 Ricco의 법칙을 반영한다.

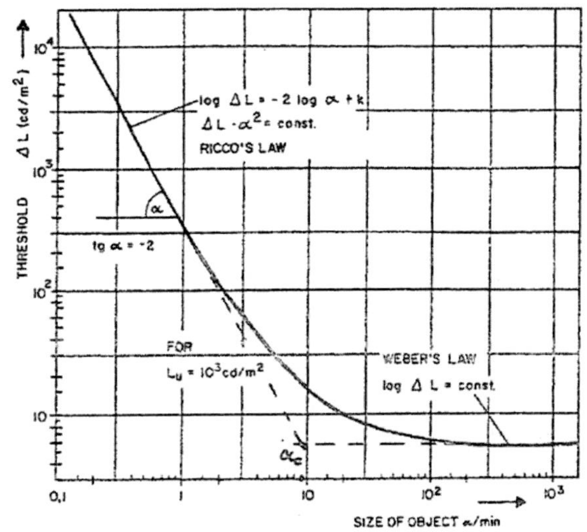

그림 5.1 아드리안 기본 모델

대상 객체의 크기 α가 큰 값에 대해서는 임계값 ΔL이 상수값을 나타내며, 대상 객체의 크기에 무관하게 된다. 즉,

$$\log \Delta L = const|_{\alpha\to\infty}$$

이것은 웨버의 법칙을 나타내며, 큰 객체의 경우에는 객체 검출의 임계값이 배경의 휘도에만 의존하게 된다. 즉, 배경과 휘도차의 비가 상수로 나타낼 수 있게 된다.

$$\Delta L / \Delta L_b = const.$$

대상 객체를 검출하기 위한 임계값은 이 두 가지 법칙의 결합에 의하여 표시될 수 있다. 이를 효과적으로 수행하기 위하여, 눈에 들어오는 광량을 나타내는 광속 Φ라는 추가적인 변수를 사용하면, 이 변수가 Ricco의 법칙으로 특징을 나타낼 수 있다.

따라서, Ricco의 법칙:

$$\Delta L = K\alpha^{-2}|_{\alpha\to 0} \quad \Rightarrow \quad \Delta L_{\alpha\to 0} = \Phi(L_b)\alpha^{-2}$$

Weber의 법칙:

$$\Delta L = const.|_{\alpha\to\infty} \quad \Rightarrow \quad \Delta L_{\alpha\to\infty} = L(L_b)$$

이 두 개의 다른 법칙의 조합이 필요하고, 이러한 조합의 방법으로 Berek에 의하여 기하학적 합을 사용하는 방법이 제안되었으며, 이에 따르면, 요구되는 휘도 차이는 다음과 같이 표현할 수 있다.

$$\Delta L = k\left(\frac{\Phi^{1/2}}{\alpha} + L^{1/2}\right)^2 \text{ (cd m}^{-2}\text{)} \tag{5.2}$$

아드리안 모델은 식 (5.2)에서 $\Phi^{1/2}$와 $L^{1/2}$를 계산하는 방법을 제시함으로, 식 (5.2)를 바탕으로 요구되는 대상 물체와 배경의 휘도차를 구할 수 있도록 해 준다. 이를 위하여, Blackwell을 비롯한 알려진 데이터를 바탕으로 아래와 같은 계산 방법을 제시하였다. 효과적으로 데이터에 맞추기 위하여, 세 개의 구간으로 나누어 제시하였다. 이 세 구간은 명소시, 박명시, 암소시 영역과 거의 일치함을 볼 수 있다.

$$\begin{aligned} &L_b \geq 0.6\,cdm^{-2}: \\ &\Phi^{1/2} = \log(4.1925\,L_b^{0.1556}) + 0.1684\,L_b^{0.5867} \\ &L^{1/2} = 0.05946\,L_b \end{aligned} \tag{5.3a}$$

$$\begin{aligned} &0.00418\,cdm^{-2} \leq L_b \leq 0.6\,cdm^{-2}: \\ &\log\Phi^{1/2} = -0.072 + 0.3372\log L_b + 0.0866(\log L_b)^2 \\ &\log L^{1/2} = -1.256 + 0.319\log Lb \end{aligned} \tag{5.3b}$$

$$\begin{aligned} &L_b \leq 0.00418\,cdm^{-2}: \\ &\log\Phi^{1/2} = 0.028 + 0.173\log L_b \\ &\log L^{1/2} = -0.891 + 0.5275\log L_b + 0.0227(\log L_b)^2 \end{aligned} \tag{5.3c}$$

이러한 시인성 모델을 개발하는데 있어서 조명의 밝기는 시감도를 고려한 인간시각에서 느끼는 광도 휘도값을 가지고 판별하도록 한다. 이를 L_{eq}로 표현한다면, 이 대응휘도는 명소시에는 광도 휘도계로 측정한 값과 동일할 수 있으나 암소시 및 박명시에는 순응 조건에 따라 다른 시감도를 바탕으로 구하는 것이 필요하다.

5.2 아드리안 시인성 모델의 확장

아드리안 모델은 백색 광원에 대하여, 양의 대비를 가지는 대상에 대하여 젊은 사람을 대상으로 한 모델링이다. 나이가 들거나 또는 배경이 대상 물체보다 더 밝거나 또는 관측 시간이 달라지는 경우에 시인성에도 변화가 생긴다. 이러한 추가적인 조건을 고려하여 제시된 기본 시인성 모델의 확장이 가능하다.

5.2.1 관측 시간에 따른 아드리안 시인성 모델의 확장

기본 아드리안 모델을 개발하는데 사용된 데이터는 2초간의 측정시간 또는 그 이상의 충분한 시간을 제공하고 시인성을 평가하였다. 만약 관측 시간이 줄어든다면, 대상을 검출하기 위하여 필요한 ΔL 값은 증가하게 된다. 이러한 영향을 고려하기 위하여 관찰시간에 해당하는 항을 추가할 수 있다. 즉, 2초나 그 이상의 관측 시간이 주어졌을 때에는 기존의 모델을 사용하면 되지만, 그 보다 관측 시간이 단축될 경우에는 단축된 시간을 반영하여 검출을 위하여 요구되는 휘도의 차이가 증가하게 된다. 식 (5.4)은 이러한 관측 시간의 차이를 고려하기 위한 항목이다.

$$\frac{a(\alpha, L_b)+t}{t} \tag{5.4}$$

여기서 a는 대상 크기에 따라 달라지는 함수이고, L_b는 배경 휘도를 나타낸다. $a(\alpha, L_b)$ 값은 관측시간에 따라 달라지는 시인성 데이터와 기존의 2초 단위에서 계산된 시인성 데이터로부터 모델링할 수 있으며, 그 결과 아래와 같은 수식으로 나타낼 수 있다.

$$\begin{aligned} \alpha(\alpha) &= 0.36-0.0972\times\frac{(\log\alpha+0.523)^2}{(\log\alpha+0.523)^2-2.513(\log\alpha+0.523)+2.7895} \\ \alpha(L_b) &= 0.355-0.1217\times\frac{(\log L_b+6)^2}{(\log L_b+6)^2-10.4(\log L_b+6)+52.28} \end{aligned} \tag{5.5}$$

특별히 관측대상의 크기가 $\alpha < 60'$ 인 경우에는 다음이 간략한 수식으로 표현할 수 있다.

$$a(\alpha, L_b) = \frac{\left(a(\alpha)^2 + a(L_b)^2\right)^{1/2}}{2.1} \tag{5.6}$$

따라서 관측 시간을 고려한 확장된 시인성 모델은 다음과 같이 기존의 2초 관측 모델인 식 (5.3)에 관측시간 항목을 곱한 확장 모델로 표현할 수 있다.

$$\Delta_t = \Delta_{t=2s} \frac{a(\alpha, L_b) + t}{t} \tag{5.7}$$

관측 시간에 따른 관측시간 항목 값을 계산해 보면, 표 5.1과 같다. 표 5.1이 의미하는 것은 2초 기준의 모델에 대하여, 시간이 0.1초로 줄게 되면, 필요한 대비가 2배 이상 증가하게 되며, 0.01초로 줄 경우에는 12배 이상 증가하게 됨을 볼 수 있다.

❙ 표 5.1 ❙ 관측시간에 따른 요구되는 임계값의 변화 예

관측시간(초, s)	$\frac{a(\alpha, L_b) + t}{t} = \frac{\Delta_t}{\Delta_{t=2s}}$
2	1
0.1	2.11
0.01	12.66

5.2.2 연령에 따른 아드리안 시인성 모델의 확장

눈의 투과도를 살펴보면, 나이가 들어감에 따라 감소한다. 이에 따라, 고령자의 경우에는 더 높은 ΔL값이 요구된다. 234명의 연령별로 나누어서 요구되는 대비를 구한 값을 23세를 기준으로 나누었을 때, 그림 5.2를 얻을 수 있다. 이 그래프로부터 연령에 따라 증가하는 대비값 항목을 구할 수 있다. 나이에 따른 변화는 두 개의 구간으로 나누어 아래 식 (5.8)과 (5.9)에 의하여 모델링할 수 있다.

1) $23\text{세} < \text{나이} < 64\text{세}$

$$AF = \frac{(\text{나이} - 19)^2}{2160} + 0.99 \tag{5.8}$$

2) $64\text{세} \le \text{나이} < 75\text{세}$

$$AF = \frac{(\text{나이} - 56.6)^2}{116.3} + 1.43 \tag{5.9}$$

이를 바탕으로 나이를 고려한 임계값 증가를 반영한 시인성 모델을 아래와 같이 확장할 수 있다.

$$\Delta L_{age} = \Delta L_{23} AF \tag{5.10}$$

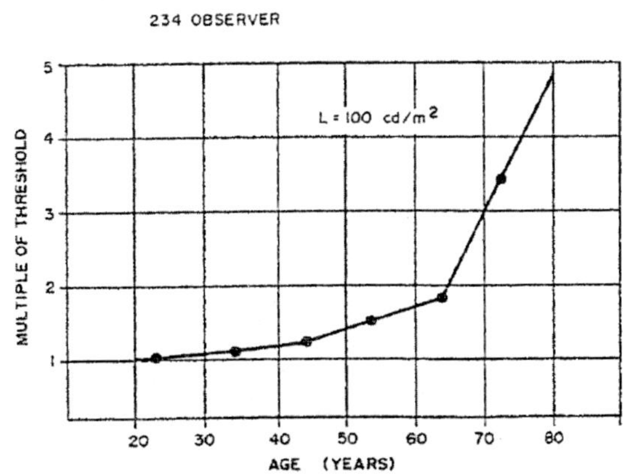

그림 5.2 23세를 기준으로 연령에 따라 요구되는 임계 대비의 비율

5.2.3 대비의 종류에 따른 아드리안 시인성 모델의 확장

기본 아드리안 모델을 개발하면서 대비(ΔL)는 양의 값을 가질 수도 있고, 음의 값을 가질수도 있다고 했다. Adrian과 Blackwell 데이터는 양의 대비값에 대한 데이터만 있지만, Aulhorn 연구에 따르면, 양의 대비에 비하여 음의 대비를 항상 더 잘 보인다는 결과를 보고하고 있다. 이러한 음의 대비로 인한 영향은 양의 대비에 비하여 얼마나 잘 보이는지를 파악하는 것이 필요하고 아래의 식 (5.10)으로 모델링될 수 있었다.

$$\Delta L_{\neg} = \Delta_{pos} F_{pos}$$

$$F_{CF}(\alpha, L_b) = 1 - \frac{m\,\alpha^{-\beta}}{2.4\,\Delta L_{pos}} \tag{5.10}$$

관련된 실험 데이터의 분석을 통하여 이 비율은 배경 휘도 (L_b)에 의존하는 것으로 나타났으며, 배경의 밝기에 따라 계수 m은 아래의 두 가지 경우로 모델링할 수 있었다.

$$L_b \geq 0.1\, cdm^{-2}$$

$$m = 10^{-10^{-(0.125(\log L_b + 1)^2 + 0.0245)}} \tag{5.11}$$

$$0.1 > L_b \geq 0.004\, cdm^{-2}$$

$$m = 10^{-10^{-(0.075(\log L_b + 1)^2 + 0.0245)}} \tag{5.12}$$

또는 실험데이터로부터 모든 배경밝기에 대하여 동일하고, 관찰 대상의 휘도에 의존하는값 (β)도 아래 식 (5.13)과 같이 설정할 수 있다.

$$\beta = 0.6\, L^{-0.1488} \tag{5.13}$$

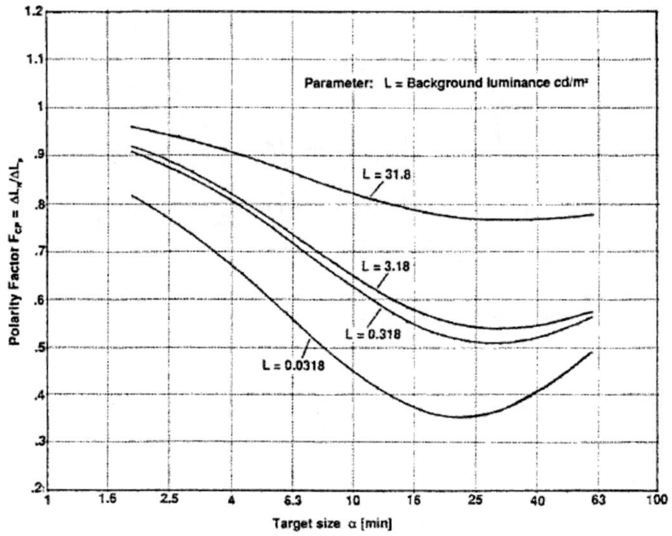

그림 5.3 배경 밝기에 따른 양의 대비에 비교한 상대적으로 요구되는 음의 대비의 비율

그림 5.3은 다른 배경 밝기에 대하여, 양의 대비에 비교한 요구되는 음의 대비값을 보여준다. 1에서부터 작은 값을 가질수록 음이 대비에 요구되는 휘도 차이가 적다는 것을 의미하며, 그 만큼 음의 대비가 상대적으로 더 잘 보인다는 것을 의미한다.

5.2.4 아드리안 시인성 확장 모델의 이용한 ΔL 계산

기본 아드리안 모델에 관측 시간, 음의 대비 차이, 연령을 고려하여 확장한 모델은 각각의 요소에 의하여 변하는 값들이 독립적으로 영향을 미치게 되므로 식 (5.14)와 같이 각 요소에서 변화되는 대비 차이의 곱으로 표시할 수 있다.

$$\Delta L = 2.6\left(\frac{\Phi^{1/2}}{\alpha} + L^{1/2}\right)^2 F_{CP} \frac{a(L_b, \alpha) + t}{t} AF \tag{5.14}$$

이 식에서 나이가 23세이고, 양의 대비이며, 관측 시간이 2초 이상이면 아드리안의 기본모델을 나타내게 된다. 앞의 상수 계수 2.6은 모델을 개발하기 위한 데이터 셋에 따른 차이를 고려해주기 위한 계수이다. 이 모델을 이용하면, 주어진 배경 및 관찰대상의 휘도, 관찰시간 및 관찰자의 연령이 주어지면 관찰대상을 검출할 수 있는 임계값을 초과하는지 등을 쉽게 판별해 볼 수 있다.

5.2.5 시인성 수준(level) 평가

기본 아드리안 모델, 또는 확장 아드리안 모델은 관찰 대상을 검출하기 위하여 요구되는 휘도 차이 값을 알려준다. 이 휘도차이 값은 기본적으로 배경의 휘도 및 관찰 대상의 크기에 따라 달라지며, 확장모델에서 제시하듯이 관찰시간, 나이 등에 따라서도 달라지게 된다. 아드리안 시인성 모델이 제시하는 임계값은 실험실 환경에서 거의 100% 가깝게 관찰 대상을 검출할 수 있는 경우에 해당한다. 이러한 모델에 의한 임계 휘도 차이값은 실제 시인성의 수준을 평가하는데 어떤 의미를 가지며, 어떻게 활용될 수 있는가?

시인성이 좋다 또는 시인성이 나쁘다는 시인성의 수준을 평가하기 위한 방법으로 Blackwell에 의하여 시인성 수준 모델을 제시하였다. Blackwell이 제시한 시인성 수준 모델은, 식 (5.15)와 같이 실제 휘도차이를 시인성 임계 휘도로 나눈 값으로, 임계 휘도 차에 대비한 실제 휘도 차의 비로 나타낸다.

$$\text{시인성 수준 : } VL = \frac{\Delta V_{\text{실제값}}}{\Delta V_{\text{임계값}}} \tag{5.15}$$

즉, 임계값에 비교하여 얼마나 더 많이 차이가 나는지를 그 비를 가지고 시인성 수준을 평가했다. 가령, 임계값이 낮은 휘도 차이 조건과 임계값이 높은 휘도 차이를 요구하는 경우에 동일한 시인성 수준을 유지하려면, 실제값에서의 휘도 차이가 임계값이 높은 경우에는 상대적으로 높은 값을 요구하게 된다.

실제로 어떤 작업 수행을 위하여 요구되는 시인성 수준은 순응 휘도나 작업의 성격과 요구되는 작업의 수준 등에 따라 달라지게 된다. 가령 물체를 검출하는 작업과 물체를 구별하여 인식하는 작업을 비교하면 검출에 비하여 구별하여 인식하는 데는 더 높은 시인성 수준이 요구된다.

제안된 모델로 계산된 시인성 수준과 실제 실험 결과를 비교한 실험들의 결과에서 모델에 의하여 계산된 시인성 수준이 사람들이 주관적으로 평가한 시인성 수준과 직접적인 상관 관계가 있는 것으로 보고되고 개발된 모델이 매우 유용함을 보였다[3].

실제 도로 환경에서는 실험 환경과 같이 관찰 대상의 검출에만 집중할 수 없고 다른 장애물 등을 관찰하느라 관찰 시간도 길지 않는 등 실험환경과는 차이가 있다. 관련하여 야간 운전 환경에서의 실험 결과에 의하면, 실제 환경에서는 실험 환경에서 요구한 시인성 수준과 비교하여 10배 이상을 가져야만 실제적으로는 물체를 검출할 수 있는 것으로 보고되었다[2].

또한 기존의 물체 검출 실험데이터에 대하여, 아드리안 모델을 이용한 시인성 평가를 통하여 실제 데이터에서 물체 검출의 경우에 시인성 값이 얼마가 요구되는지를 분석한 데이터가 있다[4]. 이 분석에 의하면, 관찰자가 의도적으로 검출을 위하여 각성하고 있는 경우와 그렇지 않은 경우에 큰 차이를 보여준다. 분석한 데이터에 의하면, 각성하고 있는 경우에는 시인성 수준이 1~23으로 계산되었으며, 비각성의 경우에는 13~210의 값을 나타낸다. 그림 5.4는 이러한 실험 결과를 보여주고 있다.

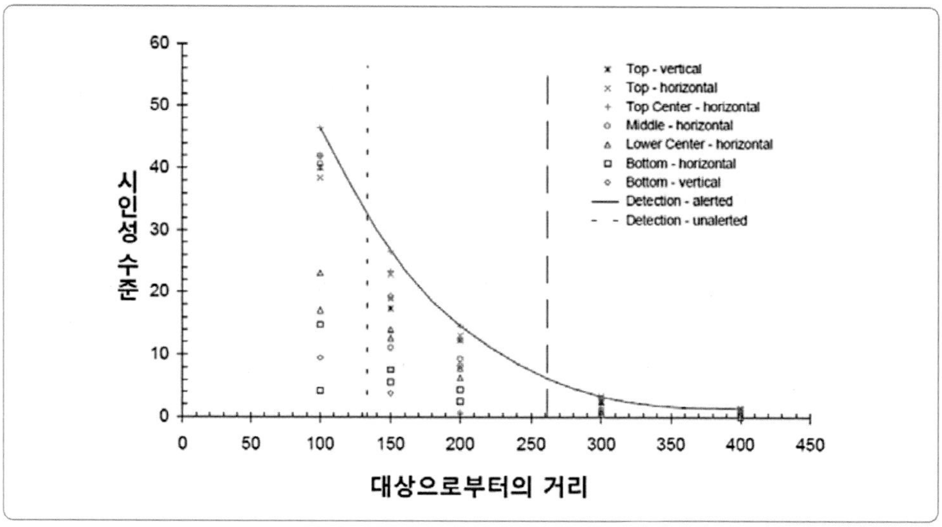

그림 5.4 대상 검출 실험에 있어서 차량으로부터 대상의 거리 및 아드리안 모델의 시인성 수준 [4]

아드리안 시인성 모델을 이용한 시인성 계산 예:

관찰대상 크기가 10'이고 광도계에 의하여 계산된 대비 $C=0.3$ 이고, 관찰대상은 배경에 비하여 더 어두운 경우의 시인성 수준 계산을 계산하라. 관찰시간은 실제 운전 상황을 생각하여 0.2초가 주어졌다고 가정하라. 배경 휘도는 $L_b = 1.5\,cdm^{-2}$이다.

풀이

표 5.2 시인성 계산을 위한 변수값

ΔL_{pos}	F_{cp}	L_b	$\alpha(')$	$t(s)$	$\Delta L_{임계값}$
0.1046	0.6187	1.5	10	0.2	6.476×10^{-2}

관찰자의 나이가 25세라고 할 때, 식 (5.14)에 의하여 요구되는 시인성 임계값을 표 5.2를 참조하여 구할 수 있다. 우선 시간이 0.2초라는 것으로부터, 관측 시간에 따른 영향을 구하고, 음의 관찰대상에 의한 영향을 구해서 적용한다. 이렇게 해서 구한 임계 대비값은 0.04319이다.

$$C_{th} = \frac{\Delta L}{L_b} = 0.04319$$

그리고, 실제 휘도 차이는 측정된 대비값과 배경 휘도로부터 구할 수 있다.

$$C = 0.3 = \frac{\Delta L}{L_b}$$

$$\Delta L = 0.3\,L_b$$

따라서, 시인성 수준은 다음과 같이 구할 수 있다.

$$VL = \frac{\Delta L_{실제값}}{\Delta L_{임계값}} = \frac{0.3\times1.5}{6.476\times10^{-2}} = 6.95 \sim 7$$

따라서, 배경 휘도가 1.5인 경우에 시인성 수준은 7의 값에 가까우며, 이는 실제 상황에서 요구되는 10의 값에 이르지 못하므로 실제 도로에서 차량 운전 상황에서는 물체를 검출하지 못할 것으로 보인다. 실제로 물체가 검출되기 위하여 시인성 수준을 높이려면, 관찰 대상이 더 커지거나 대비가 커져야 하는데, 대비가 동일하다면 관찰 대상을 현재보다 더 가까이서 관찰해야 한다는 의미가 된다.

5.3 눈부심에 의한 시인성 영향 모델

4장에서 불능 눈부심에 대한 CIE 모델을 제시함으로, 주시점과 눈부심을 일으키는 광원이 이루는 각도 및 그 휘도를 알 경우에 불능 눈부심을 일으키는 베일형 휘도를 계산할 수 있었다. 이러한 불능 눈부심은 베일형 휘도가 배경 휘도에 추가되게 되어 상대적인 대비의 감소가 일어나서 시인성이 안 좋아지게 된다. 다르게 표현하면, 동일한 물체를 검출하는데 있어서, 불능 눈부심이 있으면, 더 높은 휘도대비 차이가 요구된다.

원래 배경 휘도가 L_b인 조건에서, 불능 눈부심으로 인한 베일형 휘도를 L_{veil}이라고 하면, 실제적으로 배경 휘도는 $L_b + L_{veil}$로 바뀌게 된다. 마찬가지로, 원래 관찰 대상의 휘도를 L_T라고 하면, 불능 눈부심으로 인한 베일형 휘도가 관찰대상 휘도에도 추가되어, 새로운 관찰대상 휘도는 $L_T + L_{veil}$로 바뀌게 된다. 이러한 조건에서 시인성 평가를 위한 대비를 구해보면, 식 (5.15)와 같다.

$$C_{glare} = \frac{(L_T + L_{veil}) - (L_b + L_{veil})}{L_b + L_{veil}} = \frac{L_T - L_b}{L_b + L_{veil}} = \frac{\Delta L}{L_b + L_{veil}} \qquad (5.15)$$

식 (5.15)에 의하면, 불능 눈부심에 의하여 대비 값이 $C = \frac{\Delta L}{L_b}$의 값에서 $\frac{\Delta L}{L_b + L_{veil}}$로 바뀌게 되고, L_{veil}과 L_b는 항상 양의 값을 가지게 되기 때문에, 원래 대비에 비하여 대비가 줄어듦을 볼 수 있다. 가령, 베일형 휘도가 배경 휘도와 같아지게 되면, $L_{veil} = L_b$가 되고, 이렇게 되면 $C_{glare} = C/2$로 원래 대비에 비하여 대비값이 1/2로 줄어듦을 볼 수 있다. 불능 눈부심이 있는 경우의 대비 C_{glare}는 쌍곡 함수(hyperbolic function)의 일종으로 베일형 휘도가 증가할수록 대비값이 줄어드는 것을 볼 수 있다. 또한, 이러한 영향은 배경 휘도가 작은 값을 가지는 야간에 더욱 큰 영향을 미치게 됨을 보여준다.

불능 눈부심을 고려한 아드리안 시인성 모델을 이용한 시인성 계산 예:

관찰대상 크기가 10'이고 광도계에 의하여 계산된 대비 $C = 0.3$ 이고, 관찰 대상은 배경에 비하여 더 어두운 경우이다. 관찰시간은 실제 운전 상황을 생각하여 0.2초가 주어졌다고 가정하라. 배경 휘도는 $L_b = 1.5\ cdm^{-2}$이다. 동일한 상황에서 베일형 휘도가 $2.0\ cdm^{-2}$

가 주어진 경우에 시인성 수준 계산을 계산하라.

풀이

불능 눈부심을 고려한 배경 휘도는

$$V_{glare} = V_b + V_{veil} = 1.5 + 2.0 = 3.5$$

식 (5.14)에 배경 휘도가 3.5인 경우에 대하여 임계 휘도 차이를 계산하면,

$\Delta L_{ㄱ} = 0.1196$ 이며, 이를 바탕으로 시인성 수준을 계산하면,

$$VL = \frac{\Delta L_{실제값}}{\Delta L_{임계값}} = \frac{0.3 \times 1.5}{0.1196} = 3.76$$

따라서, 불능 눈부심이 있는 경우에 시인성 수준은 6.95에서 3.76으로 크게 떨어지게 됨을 볼 수 있다.

5.4 시인성 모델의 일반화

지금까지는 중심시에서 물체의 검출하는 경우의 시인성 문제를 살펴보았다. 하지만, 실제 야간 운전시에 시각 작업을 생각해 보면, 중심시에서 뿐 아니라 주변시에 관찰하고자 하는 대상을 검출해야 할 경우도 발생한다. 주변시로 바뀌어가면 물체 검출의 시인성은 어떻게 될까? 더불어 추가적으로 생각해야 할 부분은 시각 작업을 통하여 물체를 검출(detection)할 뿐 아니라, 때로는 물체를 인식(recognition)하고, 또 누구인지를 구별(identification)할 필요가 있을 수 있다. 이러한 작업은 기존의 물체를 검출하는 것과는 다른 수준의 시인성을 요구하게 된다. 물체 검출과 비교한 물체 인식 및 물체 구

별에 필요한 대비(contrast)의 관계를 파악할 수 있다면, 기존의 검출 모델을 바탕으로 인식 및 구별에서의 시인성도 예측할 수 있을 것이다.

일반화된 시인성 모델을 위하여, 대비(contrast)를 바탕으로 중심시에서의 각도, 작업 종류 등에 따라 시인성을 기존의 검출모델과 비교하여 확장하는 것이 필요하다. 이를 위하여 우선 대비를 정의하면, 두 가지 종류의 대비가 일반적으로 사용된다. 가장 일반적으로는, 균일한 배경에 독립된 대상(taret)을 검출하는 것을 목표로 하고, 이를 위한 대비는 다음과 같이 표시할 수 있다.

$$C=\left|\frac{L_t-L_b}{L_b}\right| \tag{5.17}$$

여기서, C는 대비, L_t는 대상의 휘도, L_b는 배경의 휘도를 말한다. 주변과의 휘도 차이는 순응 배경 휘도와의 차이와 관련된다. 식 (5.15)에서 제시한 시인성 수준은 식 (5.17)을 바탕으로 새롭게 정의될 수 있다.

$$\text{시인성 수준 } VL=\frac{C}{\overline{C}} \tag{5.18}$$

즉, 임계 대비값 $\overline{C}$와 비교한 실제 대비에 의하여 시인성 수준을 나타낼 수 있다. 임계 대비값은 일반적으로 대상을 검출할 확률 P가 50%($P=0.5$)인 경우에 대비값을 사용한다.

사인파형과 같이 점차적으로 공간적으로 변하는 주기성을 가진 경우에 대해서는 다음과 같은 대비가 일반적으로 사용된다.

$$m=\frac{|L_t-L_b|}{L_t+L_b} \tag{5.19}$$

이 수식을 사용한 대비의 경우에는 모든 경우에 대비값이 0에서 1 사이의 값을 가지게 된다. 또한 순응 휘도(adaptation luminance)는 대상(target)과 배경(background)의 평균 휘도에 의하여 나타낼 수 있다.

5.4.1 순간 보기에 의한 검출 확률

주시점이 한번 머무는 시간이 대략 0.3초이고, 따라서 대상을 0,3초 동안 제시할 때 대상에 대한 검출 확률을 일견(一見) 검출률 P_g로 표시한다. 많은 연구자들이 관련한 연구를 진행하였으며, 모델을 개발하고자 했다[참고 5.5].

이러한 모델은 우선적으로 신호 검출 이론(signal detection theory)으로부터, 검출 확률은 신호대 잡음비(signal-to-noise ratio)에 관련된다고 볼 수 있어서 다음과 같이 표시할 수 있다.

$$P_g(VL) = 1 - 2^{-VL^{a_0}} \tag{5.20}$$

여기서 a_0는 일견 검출 확률 곡선(frequency-of-seeing curve)의 기울기를 나타내게 된다.

지금까지는 중심시에 대해서만 살펴보았지만, 주변시도 고려하기 위해서는 주변시 각도(eccentricity angle)를 θ라고 표시할 때, 주변시 각도 θ에서 요구되는 임계 대비값을 $\overline{C_\beta}$로 표시할 수 있고, 이때의 시인성 수준은

$$VL_\beta = \frac{C}{\overline{C_\beta}} \tag{5.21}$$

로 표시할 수 있다. 또한 주변시의 상대적인 대비 임계값을 $R(\beta)$라고 표시한다면,

$$R(\beta) = \frac{\overline{C_\beta}}{\overline{C_0}} = \frac{VL_0}{VL_\beta} \tag{5.22}$$

로 표시할 있으며, 이를 바탕으로 식 (5.20)은 다음과 같이 표현할 수 있다.

$$P_g(VL_0, \beta) = 1 - 2^{-\left(\frac{VL_0}{R(\beta)}\right)^{a_0}} = 1 - 2^{-VL_\beta^{a_0}} \tag{5.23}$$

실제적으로는 $R(\beta)$는 검출 대상의 크기나 이미지 화질 등 다양한 요소에 의하여 영향을 받게 되며, 다양한 요소를 고려한 $\overline{C_\beta}$를 구하여 사용하는 것이 가장 좋은 방법이다.

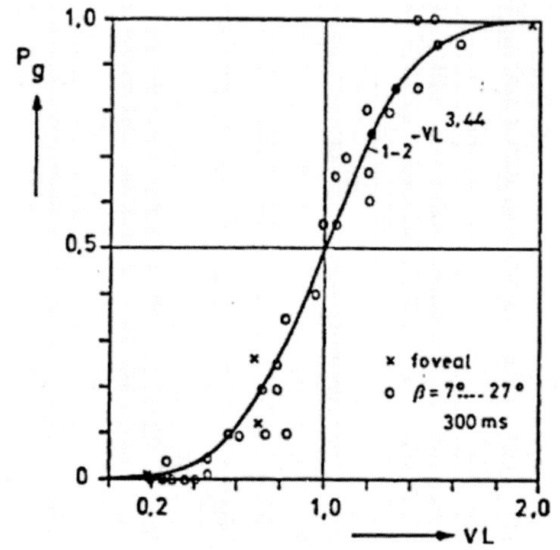

그림 5.5 시인성 수준에 따른 일견 검출 확률[참고 5.6]

그림 5.5에서 보여주는 것은 검출 대상을 0.3초 동안 보여주면서, 주변시야각을 7°에서 27°까지 바꾸어가며 실험을 수행하였다. 시험에서는 문자 O와 D를 검출하도록 했으며, 검출의 경우에는 시인성 수준이 높아짐에 따라 100%에 가까운 검출률을 보였으나, 두 글자를 구분하는 작업의 경우에는 10~12°의 주변시를 벗어나서는 아무리 시인성 수준이 올라가더라도 구별을 할 수 없었다. 작은 자극에 대하여 높은 수준의 구별이 필요한 작업의 경우에는 이러한 현상을 일반적으로 볼 수 있다. 이를 고려한 모델(가령, ORACLE 모델[참고 5.7]))을 바탕으로 시야각 위치 및 대상 자극의 크기에 따른 시인성 수준을 보면 그림 5.6과 같다.

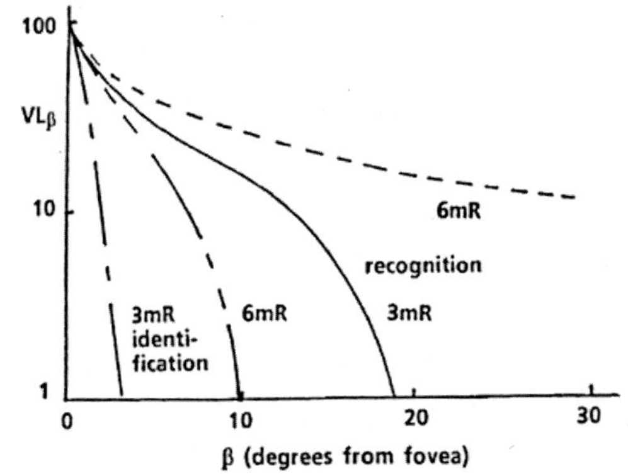

그림 5.6 망막의 이미지의 위치 및 작업 수준, 자극의 크기에 따른 시인성 예[참고 5.6]

일반적인 중심시에서의 떨어진 각도에 따른 검출, 인식, 및 식별 확률은 그림 5-7과 같이 모델링 될 수 있다. 즉, 중심시에서 확률이 100%인 경우에 주변시로 이동할 때, 확률이 얼마나 떨어지는 지, 그리고 인식이나 식별과 같은 작업을 요구하는 경우에는 얼마나 주어진 작업을 올바르게 수행할 확률이 떨어지는지는 보여준다.

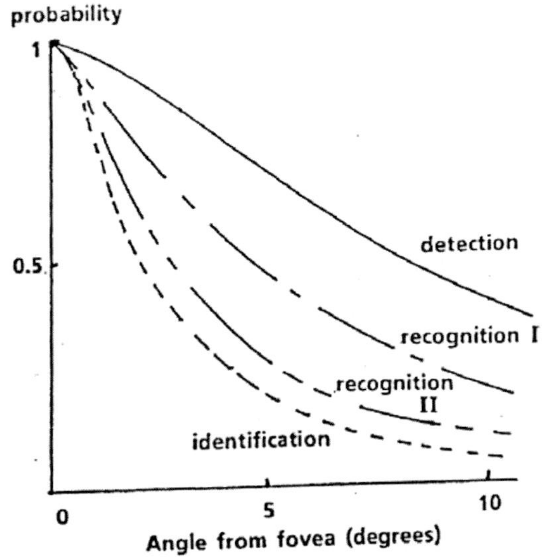

그림 5.7 작업 수준 및 중심시와의 각도에 따른 상대적인 수행 확률 [참고 5.6]

이러한 시인성 모델 및 수준들이 보여주는 것은 물체에 대한 검출 뿐 아니라 물체를 인식하거나 물체의 같은 종류의 물체에서 추가적인 식별이 필요한 경우에 기존의 중심시에서 요구하는 시인성 수준보다 높은 수준의 시인성 수준이 요구된다는 것을 볼 수 있다. 또한 인식이나 식별에서 요구되는 수준이 증가함에 따라 주변시에서는 아무리 시인성 수준이 높아지더라도 식별이 안 될 수 있다는 점에 간과해서는 안 될 것이다.

참고 문헌

[1] Backwell H. R. J. Opt. Soc. Amer, 36, 624.

[2] Adrian W., Stemprok, R. (2015) Required visibility levels in road scenes at night time driving, *ISAL 2015,* pp.559-571.

[3] Janoff M.S. (1988) Subjective Rating of Visibility Proc. IES Annual C.onf. Minneapolis, MN.

[4] Ising, K. W., Fricke, T.R.C., Lawrence, J. M., Siegmund, G. P. (2003) Threshold visibility levels for the Ardian visibility model under night time, SAE-2003-01-0294.

[5] Blackwell, H. R., Contrast thresholds of the human eye. *J. Opt. Soc. Am.,* 36, 624-643, 1946.

[6] CIE 95-1992, *Contrast and Visibility,* 1992.

[7] Overington, I. Toward a complete model of photopic visual threshold performance. *Optical Engineering.* 21(1), 2-12, 1982.

06 차량용 인간중심 조명

최근의 연구에 의하면, 빛은 반사되어 오는 광으로부터 물체를 인식할 수 있도록 지원해 줄 뿐 아니라 인간의 생체리듬, 수면과 같은 비시각적인 부분에도 영향을 미치는 것으로 밝혀졌으며, 특히 인간시각 세포 중에 비시각 영역을 담당하는 시세포가 있는 것으로 밝혀졌다. 본 장에서는 이러한 조명의 비시각 효과를 살펴본다. 또한, 자동차 조명에서 자율주행 자동차 등으로 자동차를 위한 실내 조명에서의 요구사항들이 바뀌고 있으며, 비시각 효과 등을 고려한 인간중심 조명을 자동차에도 적용하려는 연구들이 진행되고 있어서 관련 연구를 소개하며, 향후 자동차 실내 조명의 발전방향을 살펴 본다.

6.1 비시각적 효과(nonvisual effect)

조명의 시각적 효과와 함께 최근에 주목을 받고 있는 것은 조명의 비시각적 효과, 즉 조명이 인간에 미치는 생리적, 정서적, 심리적 효과이다. 그러한 사실들은 주로 조명효과에 관한 신경생리적인 연구와 정서 및 인지행동적인 연구들로부터 나왔다.

신경생리적인 연구결과들 중에서 널리 알려진 사실은 일조량의 증가가 뇌하수체의 멜라토닌 분비를 억제함으로써 인간이나 동물의 일주기 리듬(circadian rhythm)과 내분비 활동에 부적인 영향을 미친다는 것이다[1-3]. 하지만 일조량이 부족한 상태에서 적절한 양의 빛에 노출되는 것은 계절성 정서장애(seasonal affective disorder; SAD)나 비계절성 우울증의 치료에 효과적이라는 연구결과들도 있다[4-6]. 말하자면 적절한 양의 빛은 우울증과 같은 정서적인 문제해결에 도움을 주지만 지나치게 많은 빛에 노출되는 것은 멜라토닌 분비를 억제함으로써 수면장애를 유발할 수 있다는 것이다.

이와 관련하여, 최근에는 간상체나 추상체와는 별개로 망막수준에서 광범위한 망을 형성하고 있는 멜라놉신(melanosin)이라는 단백질이 외부의 빛에 민감하게 반응함으로써 시교차상핵(suprachiasmatic nucleus; SCN)에 있는 생체시계에 신호를 보낸다는 사실이 밝혀졌으며[7], 곰팡이와 같은 하등동물에서도 White Collar-1이라고 불리는 망막의 특정 광수용기가 주간과 야간에 다른 양의 빛(특히, 청색 빛)에 반응함으로써 생체시계의 유전자를 활성화시킨다는 연구결과가 있다[8].

여기에는 망막에 있는 제 3의 광수용기, 즉 광민감망막신경절세포(intrinsically photo-sensitive retinal ganglion cells; ipRGC)가 관여하는 것으로 알려져 있으며, 거기에서 나온 신호들은 멜라놉신 단백질의 대사에 관여하고 그것은 다시 시교차상핵과 송과선(pineal gland)에 영향을 미쳐 수면 호르몬인 멜라토닌의 분비를 조절하게 된다. 그 결과, 수면리듬으로 대표되는 생체리듬에 직접적인 영향을 주게 되고 그 과정에서의 불균형은 여러 가지 신체적인 질병을 유발하는 원인이 되기도 한다. 물론 생체리듬의 적절한 균형과 조절은 건강하고 정상적인 삶을 살아가는 기초가 된다. 최근 들어, 이러한 빛과 생체리듬과의 관계를 규명함으로써 그 메카니즘을 이해할 뿐만 아니라 이를 건강과 질병치료, 생산성과 안전에 이르기 까지 다양한 목적으로 활용하고자 하는 시도들이 이루어지고 있다.

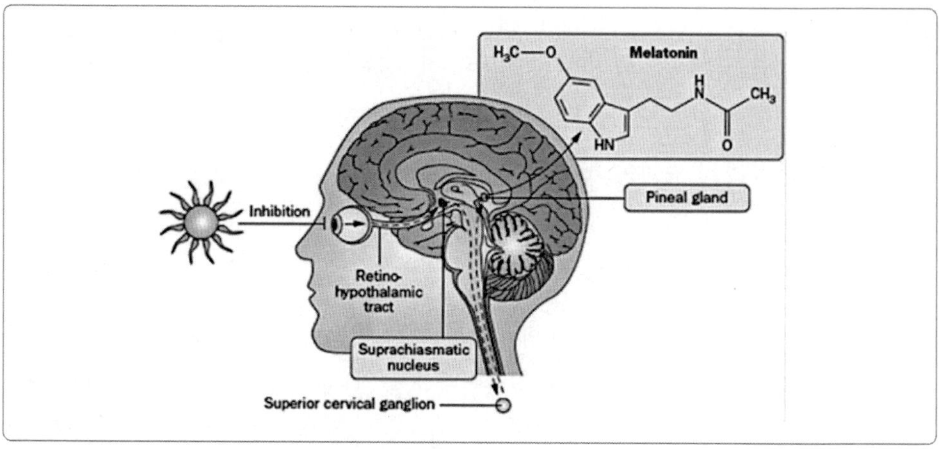

그림 6.1 빛의 비시각적 효과에 관여하는 경로

그 밖에 조명이 신체에 미치는 영향을 살펴본 신경생리학적 연구들에 의하면, 일반적으로 한색계통의 조명에서 α파의 증가와 함께 HRV의 HF/LF의 비가 증가하는 것으로 나타났고, 난색계통의 조명이 교감신경계를 활성화시키는 반면 한색계통이 조명은 부교감신경계를 활성화시키는 것으로 보고되었다[9].

한편, 빛에 관한 정서 및 인지행동적인 연구들은 주로 특정 색을 띈 빛이 사람들에게 어떤 정서적, 인지적 효과를 유발하는 지를 살펴본 경우가 많다. 예컨대, 특정 색을 가진 조명에 대해 남녀가 어떤 차이를 보이는지를 살펴본 연구에 의하면, 여성들은 남성들에 비해 다양한 색상의 조명들에 대해 정서적으로 훨씬 민감하게 반응하는 것으로 나타났는데, 이는 여성들이 남성들에 비해 정서적인 단서를 더 잘 지각하기 때문인 것으로 보인다[10-11]. 그러한 결과는 여성들이 주로 거주하는 공간이나 여성들을 주된 고객층으로 하는 매장의 경우, 조명시설을 할 때 조명의 색채 특성을 충분히 고려해야 할 필요가 있음을 시사한다.

그와 같은 조명 특성을 결정짓는 또 다른 중요한 요인 중의 하나가 색온도(color temperature)인데, 이는 절대온도를 기준으로 했을 때 특정 빛이 갖는 고유의 온도를 Kelvin 단위로 표시한 것으로, 색온도가 낮을수록 붉고 따뜻한 색을 띠며 높을수록 푸르고 차가운 색을 띠게 된다.

그러한 조명의 색온도에 따라 작업자는 상이한 피로도를 경험할 수 있는데, 양희경, 고한우, 김묘향, 임석기, 윤용현[12]은 세 종류의 조명 색온도(2700 K, 4000 K, 6500 K)를 사용하여 모니터 작업 시의 피도로를 측정하였다. 그 결과, 2700 K에서 작업자들이 시각적 피로와 정신적 피로를 가장 적게 느끼는 반면, 4000 K에서는 시각적 피로를 가장 많이 느끼며 6500 K에서는 정신적 피로를 가장 많이 느끼는 것으로 나타났다. 한편, 작업수행도는 2700 K에서 가장 높았고 4000 K에서 가장 낮았다.

조명의 색상이 인지적 처리에 미치는 효과들도 다양하게 확인되었는데, 냉백색(cool white)이나 인공 주광색(artificial daylight white)보다는 온백색(warm white) 조명하에서 단기기억과 문제해결이 가장 우수한 것으로 관찰되었다[11]. 한편, 시각적 주의과제에서의 반응시간과 정확성은 초록색 조명하에서 우수했던 반면, 작업기억 과제의 반응시간은 노란색 조명하에서, 정확성은 파란색 조명하에서 우수하다는 보고가 있다[9]. 또한 조명의 밝기(조도)나 색상과 같은 조명의 특성에 따라 공간지각이나 색채지각은 차이를 보이는데, 조명의 색상보다는 조도가 조명에 대한 주관적 인상이나 색채의 채도와 밝기 지각에 중요한 요인인 것으로 밝혀졌다[12].

특히, 교실 조명의 경우, 학생들의 학업 성취나 행동 및 학습 수행과 밀접한 관련이 있는데, 주로 형광등(fluorescent lamp)을 사용한 교실 조명은 학생들에게 두통이나 눈의 피로를 야기할 수 있고, 최근 들어 많이 사용되고 있는 프로젝터의 강력한 빛과 스크린에서 반사된 빛도 학생들에게 부정적인 영향을 미친다는 지적이 있다[13]. 교실 환경에서 아직까지 많이 사용하고 있는 형광등은 특유의 깜빡임(flicker)을 보이는데, 그러한 특성이 형광등 조명환경에서 생활하는 사람들의 행복(well-being)이나 수행, 생리적 각성에 부정적인 영향을 미친다는 연구결과가 있고[14], 비록 전체 스펙트럼(full-spectrum)을 포함하는 형광등이라 하더라도 주광(daylight)만큼 사람들의 눈에 자연스럽지 못한 것이 사실이다[15]. 따라서 형광등을 주로 사용하는 교실과 같은 환경을 개선할 때 우선적으로 고려되어야 부분이 조명이며, 그것이 학생들의 학습수행이나 행동에 어떤 영향을 미치는지에 관한 체계적인 연구를 바탕으로 학습 환경에 적합한 조명으로 교체되어야 할 것이다.

최근 들어 LED가 급격하게 보급되면서 백색 LED 가 조명용으로 많이 사용되고 있는데, 그와 같은 백색 LED의 색온도와 연색지수에 따른 감성평가 결과를 보게 되면, 색온도가 높은 조명에서는 활동성과 역량성이, 색온도가 낮은 조명에서는 안정감이 높게 평가되었으며, 중간 정도의 색온도인 5800 K에서는 감성이미지 요인이 높게 평가되는 것으로 나타났다[16]. 연색지수(color rendering index; CRI)의 경우, 고연색 조명에서는 활동성, 안정감, 감성이미지 요인이, 저연색 조명에서는 역량성이 높게 평가되었다.

한편, 고령화 사회가 도래하면서 노인 인구가 급격하게 증가함에 따라 노인들이 거주하는 공간에서의 조명의 중요성이 점차 강조되고 있다. 적절한 양과 질의 빛은 노인들의 사회적 기능, 삶의 질, 및 정서적 행복(well-being)과 밀접한 관련이 있다[17]. 특히, 시력약화에 따른 색 변별력의 저하 등으로 인해 안전사고의 위험이 높은 노인들의 주거 환경에서는 빛의 밝기나 분포, 연색성 등이 공간 정보의 지각을 촉진하고 행동 패턴에 긍정적으로 영향을 미치도록 조명 설계가 이루어져야 한다[18].

빛을 신체적·심리적 치료에 사용하는 분야로 광선 치료 또는 빛 치료라는 분야가 있다. 신생아 황달(jaundice) 치료에 청색광을 사용하거나 앞에서 언급했듯이 우울증 치료에 빛을 사용하는 것처럼 의학적으로 실용화된 분야이다.

최근에 CIE에서는 생체리듬 및 신경생리학적 광학 효과와 관련된 연구자들을 함께 모으고 관련된 연구에 대한 결과를 분석하고 측정방법 등에 대하여 논의하고 정리하였다 [19]. 망막의 광수용체는 세 가지 그룹으로 나눌 수 있다.

- 막대 세포(rod cell): 암소시 시각을 담당함
- 원뿔 세포(cone cell): 명소시의 영역에서 시각을 전달함
- 광민감망막신경절세포(ipRGC): 비시각적 효과를 코드화 함

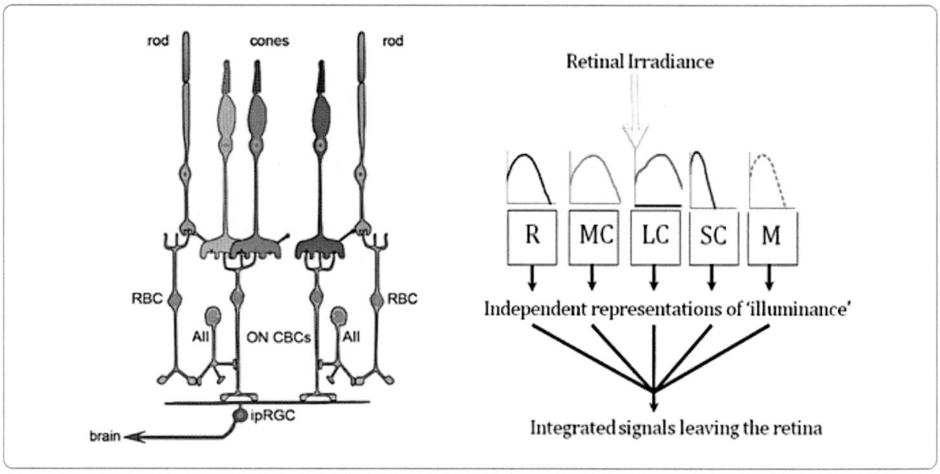

그림 6.2 망막의 광 수용체 및 비시각적 효과에의 연결 구조 [20]

광민감망막신경절세포(ipRGC)를 포함한 망막신경절세포(RGC: Retinal Ganglion Cell)는 막대 세포나 원뿔 세포와는 다른 세포층을 이룬다. 그림 6.2에서 보여주듯이 빛은 중심와(fovea)를 제외하고는 이 층을 지나 막대 세포나 원뿔 세포에 도달한다. ipRGC

를 포함한 각각의 RGC는 여러개의 막대 세포와 원뿔 세포로부터 수상돌기라는 가지 모양의 세포에 의하여 시냅스형 접촉을 통하여 간접적으로 정보를 받는다[21].

ipRGC는 망막의 넓은 영역에 걸쳐서 퍼져 있다. 여러 다른 세포로부터 정보를 받을 뿐 아니라 수상돌기들은 빛에 직접적으로 민감하게 반응한다. 어떤 경로를 취하던지 빛은 ipRGC 막을 빛의 세기에 비례하여 무극성(deporize)은 띄도록 한다. 이러한 제어 신호는 뇌의 특정한 영역으로 순차적으로 전달되어 빛의 조사(照射)량을 나타내게 된다[21]. 신호의 주파수는 빛의 광량에 대한 세기 및 기간과 연관이 된다.

ipRGC의 활동을 구동하고 후속으로 빛에 대한 생리학적 및 행동학적 반응은 몇 가지 광변환 프로세스에 의하여 정의될 수 있다. ipRGC는 멜라놉신 구동 ipRGC자체의 광 민감도 신호와 ipRGC 신경망에 연결된 막대 세포 및 원뿔 세포의 광수용 신호를 결합한다.

각각의 광검출 구조는 구분되는 분광 감도 함수(spectral sensitivity function)를 가지며, 다음에 다섯 가지 사람의 광수용체의 분광효율 및 안구 매체의 분광 전달 특성을 살펴본다. 그림 6.3은 이러한 광수용체의 분광특성 그래프를 나타낸다.

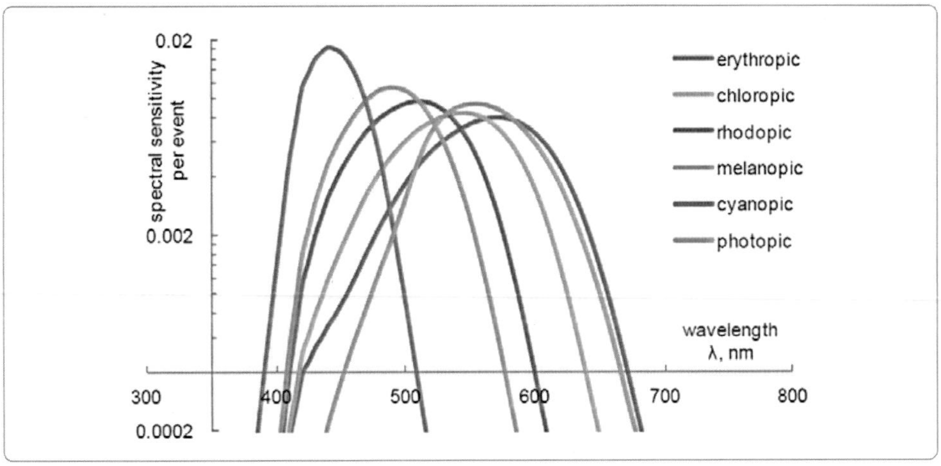

그림 6.3 사람의 광수용체의 분광 특성

멜라놉신(melanopsin): ipRGC 광색소로 최고 민감도(peak sensitivity) λ_{max}는 480 nm 주변이며[22-23], 사람의 전 수용 필터(pre-receptoral filter)에 의하여 표준 관찰자의 경우에 490 nm 근처로 이동한다.

- 멜라놉신(melanopsin): 막대 세포 광수용체의 광색소로 최고 민감도(peak sensitivity) λ_{max}는 498 nm주변이며[24], 사람의 전 수용 필터에 의하여 표준 관찰자의 경우에 505 nm~510 nm 근처로 이동한다.
- 세 가지 원뿔 세포: S-콘 옵신(S-cone opsin, cyanolabe)은 최고 민감도 λ_{max}는 420 nm주변이며, M-콘 옵신(M-cone opsin, chlorolabe)은 최고 민감도 λ_{max}가 534 nm이고, L-콘 옵신(L-cone opsin, erythrolabe)은 536 nm주변이다[24-25]. 사람의 전 수용 필터에 의하여 표준 관찰자의 경우에 각각 440 nm, 545 nm, 그리고 570 nm~575 nm 근처로 이동한다.

이러한 분광 민감 함수는 눈의 노화 등으로 연령에 따라 추가적인 이동이 발생하게 된다. 또한 측정값에 있어서는 단지 밝기를 나타내는 휘도만으로는 부족하고, 분광분포나 시야에 들어오는 광량, 노출 시간 등도 중요한 요소로 다루어져야 한다. 또한 ipRGC나 기존의 광수용체들 하나만으로는 개인의 빛에 대한 체계적인 반응을 온전히 설명하기에는 충분하지 않다고 결론지었다[19].

6.2 차량용 인간중심 조명 연구

기존의 자동차 조명에 있어서는 실내 조명과 같은 차량용 내부 조명보다는 전조등, 방향지시등과 같은 차량용 외부 조명의 비중이 훨씬 크고 중요하게 다루어지고 있었다. 하지만, 최근에 미래 자율 주행 자동차의 조명에 대한 연구를 보면, 자율주행 자동차가 되면서 차량의 실내공간이 현재의 자동차와는 상당히 다른 형태로 바뀌어가고 있으며, 이로 인하여 차량의 실내공간이 다양한 활동이 가능한 공간으로 변할 것으로 예측이 되고 있다. 이러한 달라진 차량 실내 환경에서는 차량용 실내 조명 환경도 매우 중요한 요소로 다루어질 것으로 보인다. 사람들에게 보다 평안하게 또한 업무 효율이나 수면 등의 생체리듬에도 영향을 미칠 수 있는 효과적인 인간중심조명의 중요성이 커질 것으로 예상된다. 특히, 생체리듬이나 수면에 영향을 미칠 수 있는 조명의 효과에 대해서는 최근에 매우 활발한 연구가 진행되고 있다. 관련된 최근 연구들을 살펴봄으로써 인간시각 특성을 고려한 차량용 조명에서 인간중심 조명과의 연관된 연구 및 그 응용 예를 살펴보도록 한다.

차량에 인간중심 조명을 적용하려는 연구를 가장 활발하게 진행하고 있는 그룹 중에 하나가 Daimler 그룹으로, 2014년에부터 생체적으로 효과적인 조명인 Daylight+를 개발하여 트럭 운전사를 위한 적용을 시작하였다. 이러한 연구결과 운전자의 각성이나 주의에 긍정적인 효과가 있음을 보였다[26]. 2016년 겨울에 8주에 걸쳐서 실제 트럭 차량에 장착되어 4시간의 운전과 그 전후에 대한 조명 제어를 통한 정성적, 정량적 분석을 수행하였다[27]. 실험 과정 및 결과를 정리하면 다음과 같다.

실험은 8명의 트럭운전자에 대하여, 8주에 걸쳐서 진행이 되었다. 생체리듬은 여러 가지에 의하여 영향을 받기 때문에 이러한 영향을 최소화하기 위하여, 운전 실험 기간 뿐 아니라, 그 외의 시간에 대해서도 일정하게 유지되도록 했다. 두 대의 차량으로 실험이 진행되며, 하나의 차량은 Daylight+가 장착된 차량이고, 다른 하나의 차량은 기존의 차량을 사용하였다.

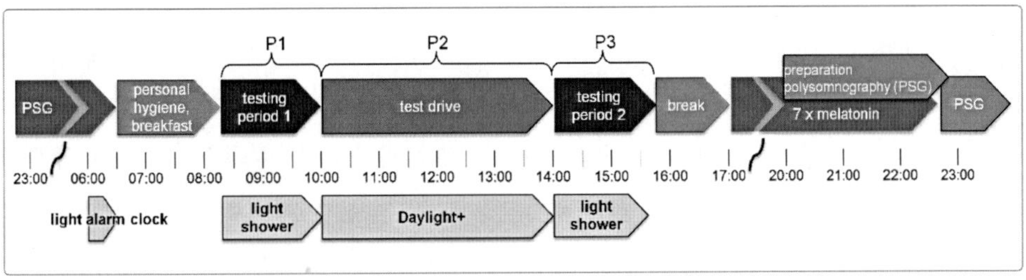

그림 6.4 일일 실험 스케줄 및 조명 적용 스케줄

생체리듬과 관련된 실험이므로, 상세 시간을 일정하게 유지하도록 했으며, 또한 태양빛이 많이 모자라는 핀란드의 겨울에 연구가 진행되었다. 아침에 6시에 기상하며, Daylight+ 트럭의 경우에는 아침에 일출과 비슷한 조명으로 실험이 진행되었다. 8시에 EEG와 광센서가 장착되었으며, 추가적인 실험이 진행되었다(P1). 이때 블루빛이 많이 들어간 최대세기의 빛을 내는 light shower에 노출되도록 하였다. 약 4시간 260 km 거리의 실제 차량 운행을 했으며, 운행하는 동안 주변의 조도에 따라 눈부심을 일으키지 않는 범위 안에서 밝기가 조절되며, Daylight+가 적용이 되었다. 추가적인 실험을 수행하고(P3), 이번에도 실험 중에 light shower에 노출되도록 하였다.

그림 6.5 실험 트럭 운전자 환경 및 측정 장치 구성[28]

실험에 사용된 조명은 멜라놉신에 효과적인 조명이며 밝기는 동일하게 유지하여 눈부심을 발생시키지 않는 조명으로 구현되었다. 비시각적 효과의 경우에는 하나의 특정한 스펙트럼에 의하여 된 것이라고 보기 보다는 다양한 파장이 기여하는 것으로 보고된 것[19]을 근거로 다른 수용체를 자극할 수 있는 넓은 파장대역을 가지도록 구성하였다. 이를 위하여 블루 파장(472 nm)과 온백색(2700 K) LED를 사용하였다. 그림 6.6은 사용된 조명의 스펙트럼을 보여준다.

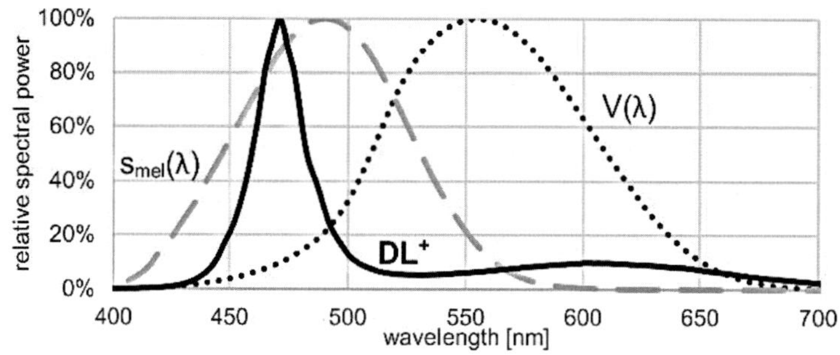

그림 6.6 Daylight+조명의 스펙트럼 분포[27]

실험결과에 의하면, 설문을 바탕으로 한 주관적인 평가에 의하면, Daylihgt+가 매우 긍정적인 응답을 얻었으며, 자연조명과 비슷하다고 인식되었다.

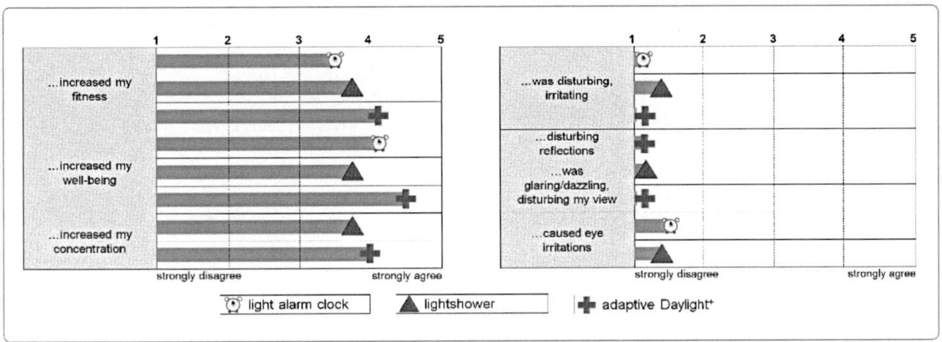

그림 6.7 Daylight+, light shower 등에 대한 주관적 평가

운전중에 획득된 EEG 데이터는 집중도에 대한 분석을 수행하였으며, 처음 20분간을 기준값으로 알파파를 분석하였다. 그 결과 기존 조명에서는 갈 때 15%, 돌아올 때 22%의 부주의 상태가 검출되었으나, Daylight+를 사용한 경우에는 갈 때 7%, 돌아올 때 8%로 부주의 상태가 크게 감소했으며, 갈 때와 돌아올 때의 변동폭도 많이 감소한 것을 알 수 있다. 그림 6.8은 차량의 속도와 EEG 신호에서 알파파가 나타나는 비를 나타낸다. 그림 6.9는 개별 실험 참가자의 주의 운전 비율 및 각 조건에서 평균 부주의 비율을 나타낸다. 국내에서도 고속 버스 및 대형 트럭에서의 졸음 운전으로 인한 대형 사고가 빈번히 발생하고 있어 관련된 연구를 바탕으로 차량 조명을 바탕으로 안전성을 높일 수 있는 연구가 필요하다.

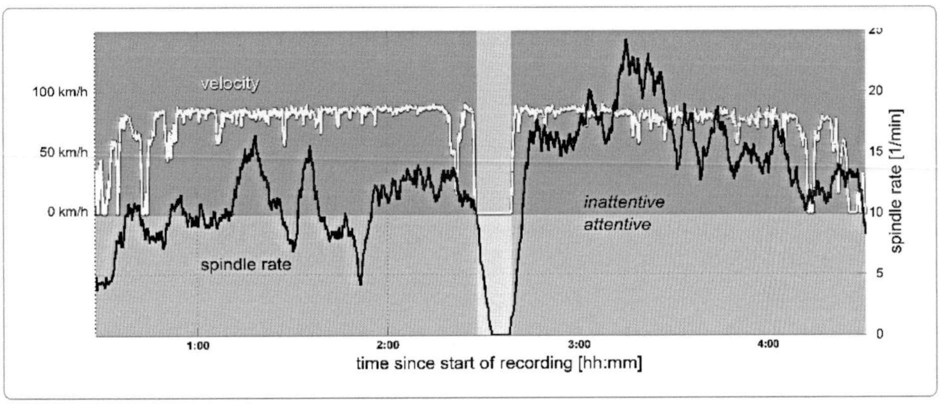

그림 6.8 차량 운전 속도 및 EEG 알파파 나타나는 비율

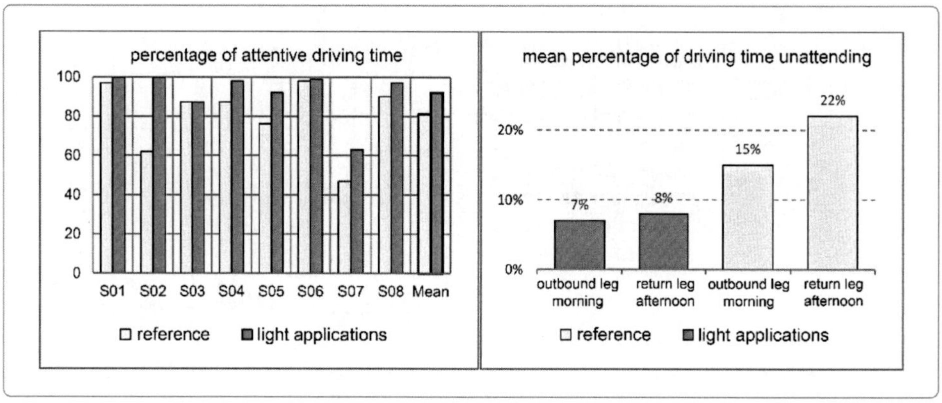

그림 6.9 개별 운전자의 주의 비율 및 평균 부주의 비율

참고 문헌

[1] 이배환, 손진훈, Watanuki, S., Yasukouchi, A., Morita., T. (2007). 망막-시상하부 경로의 광반응 특성. 감성과학, 10(2), 253-261.

[2] Klein, D. C., Moore, R. Y., & Reppert, S. M. (1991). *Suprachiasmatic nucleus:* the Mind's clock. Oxford: Oxford University Press.

[3] Lewy, A. J., Wehr, T. A., Goodwin, F. K., Newsome, D. A., Markey, S. P. (1980) Light Suppresses Melatonin Selection in Humans, *Science,* 210(12), 1267-1269.

[4] Kripke, D. F. (1998). Light treatment for nonseasonal depression: speed, efficacy, and combined treatment. *Journal of Affective Disorders, 49*, 109-117.

[5] Tuunainen, A., Langer, R.D., Klauber, M.R., Kripke, D.F. (2001) Short version of the CES-D (Burnam screen) for depression in reference to the structured psychiatric interview. *Psychiatry Res.* 103(2-3):261-70.

[6] Golden, R. N., Gaynes, B. N., Ekstrom, R. D., Hamer, R. M., Jacobsen, F. M., Suppes, T., Wisner, K. L., & Nemeroff, C. B. (2005). The efficacy of light therapy in the treatment of mood disorders: a review and meta-analysis of the evidence. *American Journal of Psychiatry, 162*(4), 656-662.

[7] Provencio, I., Rollag, M.D. and Castrucci, A.M. (2002) Photoreceptive net in the mammalian retina. *Nature,* 415, 493.

[8] Froehlich, A. C., Liu, Y., Loros, J. J., & Dunlap, J. C. (2002). White Collar-1, a circadian blue light photoreceptor, binding to the frequency promoter. *Science, 297*(5582), 815-819.

[9] 정우석, 유미, 권대규, 김남균 (2007). 색채 조명 자극이 인지기능에 미치는 영향에 관한 연구. *한국정밀공학회지,* 24(10), 131-136.

[10] Knez, I. & Enmarker, I. (1998). Effects of office lighting on mood and cognitive performance and a gender effect in work-related judgment. *Environment and Behavior, 4*, 580-594.

[11] Knez, I. (2001). Effects of colour of light on nonvisual psychological processes. *Journal of Environmental Psychology, 21*, 201-208.

[12] 조성희 (1997). 조명특성에 따른 공간지각과 색채지각 효과에 관한 연구. *한국색채학회 논문집,* 8, 91-106.

[13] Winterbottom & Wilkins, 2009.

[14] Küller, R. & Laike, T. (1998). The Impact of Flicker from Fluorescent Lighting on WellBeing, Performance and Physiological Arousal. *Ergonomics, 41*(4), 433-447.

[15] Veitch, J. A. & McColl, S. L. (2001). A critical examination of perceptual and cognitive effects attributed to full-spectrum fluorescent lighting. *Ergonomics, 44*(3), 255-279.

[16] 지순덕, 최경재, 김호건, 이상혁 (2006). LED 기반 백색 조명의 색온도 및 연색지수에 따른 감성 평가. 감성과학, 9(4), 353-366.

[17] Grandner, M. A., Kripke, D. F., Youngstedt, S. D., and Langer, R. D. (2006). Light exposure is related to social and emotional functioning and quality of life in older women. *Psychiatry Research,* 143:35-42.

[18] Lee, K. E. (2004). A study on the lighting for the elderly. *Journal of Korean Society of color Studies, 18*(3), 115-125.

[19] CIE Techincal Note: TN 003:2015, (2015) Report on the First International Workshop on Circadian and Neurophysiological Photometry.

[20] Lucas, R.J., Eeirsonm S.N., Berson, D.M., Brown, T.M., Cooper, H.M., Czeisler, C.A., Figueiro, M.G., Gamlin, P.D., Lockley, S.W., O'Hagan, J.B., Price, L.L.A., Provencio, I., Skene, D.J., Brinard, G.C., (2014) Measuring and using light in the melanopsin age, *Trends in Neurosciences*, 37(1):1-9.

[21] Berson, D.M., Dunn, F.A., Takao, M. (2002) Phototransduction by retinal ganglion cells that set the sacadian clock, Science, 295(5557):1070-1770.

[22] Hankins, M.W., Lucas, R.J. (2002) The primary visual pathway in humans is regulated according to long-term light exposure through the action of a nonclassical photopigment. *Curr Biol.* 12(3):191-198.

[23] Peirson, S., Foster, R.G. (2006) Melanopsin: another way of signaling light. *Neuron.* 49(3):331-339.

[24] Bowmaker, J.K., Dartnall, H.J. (1980) Visual pigments of rods and cones in a human retina. *J Physiol.* 298(1):501-511.

[25] Stockman, A., Sharpe, L.T. (2000) Spectral sensitivities of the middle and long-wavelength sensitive cones derived from measurements in observers of known genotype. *Vision Res.* 40(13):1711-1737.

[26] Farkas, S. et al: Impact of biologically active light on performance-based alertness and vigilance, (2015) *ISAL* 2015, Darmstadt.

[27] S. Schüler, S. Rothe, D. Betz, M. Schrauf, R. Popp, (2017) Integration of a Melanopic-Light-Unit in a Truck and Investigation of its Impact on Truck Drivers Under Real-Life Conditions, *ISAL* 2017, Darmstadt.

[28] http://www.media.daimler.com/

07 자동차 등화장치 법규

본 장에서는 주야간 교통사고 예방에 중요한 기능을 하는 등화장치의 법·규정을 살펴봄으로써 자동차 등화장치의 기능적 이해와 설계·생산·인증·품질관리 및 기준 국제화의 중요성을 제시한다. 자동차 등화장치의 기능은 크게 두 가지로 구분할 수 있다. 첫째, 야간 및 짙은 안개에 의한 시정 불량시 사용되는 조명기능과 둘째, 마주 오는 차 또는 다른 도로이용자에게 자기 차의 주행상태를 알려주는 신호기능이 있다. 즉 전조등, 안개등은 조명기능 등화장치에 속하고 미등, 제동등, 방향지시등 등은 신호기능 등화장치에 속한다. 신호기능을 갖는 등화장치는 구조상 대부분 하나의 몸체로 되어있기에 보통 복합등(Combination Lamps)라 한다. 이러한 등화장치는 자동차의 안전운행을 위하여 법령에서 정한 광도와 색상 기준에 따라 제작·부착되어 사용되어야한다.

등화장치의 기준은 세계 각국의 교통 환경에 따라 다소 상이한 기준을 갖고 있으나 크게 유럽기준과 미국기준으로 양분되어있다고 볼 수 있다. 국가별 상이한 기준은 기술 장벽으로 작용할 수 있으므로 세계 각국의 전문가들은 기준의 국제조화에 노력하고 있다.

본 장에서는 자동차 등화장치의 사용 및 제작 규정 준수의 이해를 위한 자동차관리법과 안전기준의 요약 설명, 법규에서 정한 각종 등화장치의 종류와 역할, 제작기준 및 국제기준 조화의 중요성을 검토한다.

7.1 자동차관리법과 안전기준
7.2 등화장치의 용어 이해
7.3 등화장치의 종류와 상세기능
7.4 국내 등화장치 기준
7.5 유럽·미국의 등화장치 기준
7.6 자동차안전기준 국제조화

7.1 자동차관리법과 안전기준

7.1.1 자동차관리법의 이해

자동차관리법은 자동차의 등록, 안전기준, 자기인증, 제작결함 시정, 점검, 정비, 검사 및 자동차관리사업 등에 관한 사항을 정하여 효율적인 자동차관리와 자동차의 성능 및 안전을 확보함으로써 사회전체의 공공복리를 증진하는데 있으며 자동차관리법의 적용대상은 국내 제작·수입되는 모든 자동차이다[1]. 한편 자동차관리법의 적용을 받지 아니하는 예외 차종은 건설기계관리법에 의한 건설기계(예. 덤프트럭, 콘크리트 믹서 트럭 등), 농업기계화촉진법에 의한 농업기계(예. 경운기, 농업트랙터 등), 군수품관리법에 의한 차량(예. 군용 트럭 등), 궤도 또는 공중선에 의하여 운행하는 차량(예. 궤도차량 등), 의료기기법에 따른 의료기기(예. 휠체어 등) 및 항만·공항 구내에서 운행되는 차량 등이다.

7.1.2 자동차관리법의 지위

자동차 등화장치 규정이해에 필수적인 것이 관련규정에 대한 법령이해이다. 즉 자동차를 제작·운행하는데 적용되는 규정과 이를 어겼을 경우의 벌칙 등은 관련 규정을 연관시켜 이해하여야한다. 이를 위한 법령체계는 그림 7.1과 같다. 자동차는 대통령령으로 정하는 구조 및 장치가 안전 운행에 필요한 성능과 기준(이하 "자동차안전기준"이라 한다)에 적합하지 아니하면 운행하지 못하며 이를 지키지 않았을 경우 과태료 부과 처벌을 받을 수 있다[2].

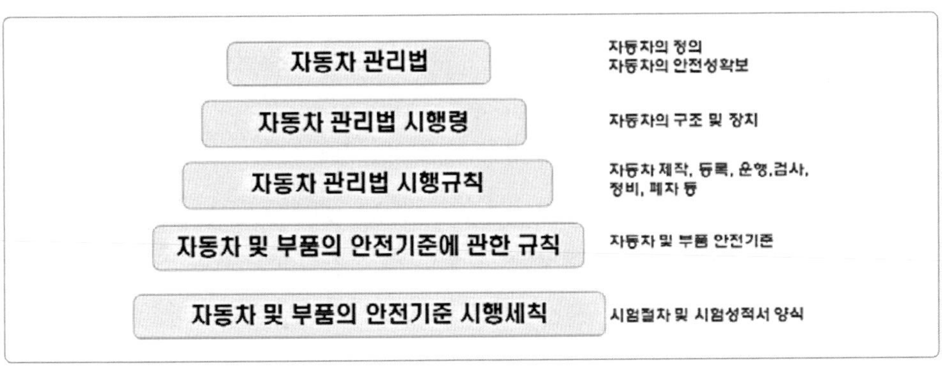

그림 7.1 자동차관리법령 체계도

이 경우는 자동차를 운행하거나 운행하게 한 자에게 해당되어 자동차 소유자는 자동차를 변경할 때 유의하여야한다. 또한 자동차를 제작·조립 또는 수입하려는 자도 국토교통부령으로 정하는 바에 따라 그 자동차의 형식이 자동차안전기준에 적합함을 스스로 인증하여야 한다. 이는 제작자의 의무규정으로 안전한 차를 제작·공급하도록 유도하기 위함이다. 이를 지키지 않았을 경우는 매출액의 1천분의 1(최대 10억원)을 초과하지 아니하는 범위에서 과징금을 부과할 수 있도록 되어있다[3].

7.1.3 안전기준의 이해

자동차안전기준은 자동차를 제작함에 있어서 안전요건과 성능요건을 규정함으로서 자동차로 인한 사고를 예방할 목적으로 제정된 규정이다. 우리나라에서는 최초로 교통부령 제111호(1962.3.29)의 "도로운송차량보안기준령"으로 제정되었으며, 그 이후 교통부령 제543호(1976.8.12)의 "도로운송차량보안규칙" 으로 교통부령 제866호(1987.9.28)의 "자동차안전기준에관한규칙"으로 명칭이 변경되었고, 현재는 국토교통부령 제117호(2014.8.8)의 "자동차 및 자동차부품의 성능과 기준에 관한 규칙"(이하 자동차안전기준)으로 명칭이 변경되어 사용하고 있다. 즉 초기 약25년 동안은 주로 자동차를 운행할 때의 안전을 확보할 수 있는 최소의 기준으로 운영되었으나, 교통부령 제1002호(1993.5.25)부터 자동차의 안전을 강화하고, 제작자의 국제경쟁력 확보를 위하여 제작단계 부터 안전하게 만들어야한다는 개념을 도입하였다. 이러한 일련의 노력으로 우리나라 자동차산업은 오늘날 비약적인 발전을 이루어 세계5위의 생산국이 되었다고 할 수 있다[4].

자동차안전기준은 크게 제1장 총칙(용어정의 등), 제2장 자동차 및 이륜자동차의 기준(운행되는 자동차 규정), 제3장 제작자동차등의 기준(자동차 및 부품 규정) 및 제4장 보칙(기준특례 등)으로 구성되어있다. 자동차의 구조기준은 1) 길이·너비·높이, 2) 최저 지상고, 3) 차량 총중량, 4) 차량중량분포, 5) 최대안전경사각도, 6) 최소회전반경, 7) 타이어 접지부분 과 접지압력 등을 규정하였다. 이는 자동차가 주행하고 있는 도로, 터널 및 교량 등의 설계를 결정하는 중요한 기준이다.

장치기준은 크게 4부분 즉 사고예방 부분, 사고시 피해경감 부분, 사고 후 2차 피해예방 부분, 성능 부분으로 구성할 수 있다. 등화장치는 주변의 자동차 또는 보행자에게 운전 상태를 알려주기 위한 장치로 사고예방 부분에 해당한다.

연습 문제

7.1 자동차 등화장치의 사용 및 제작에 있어서 적용받는 자동차관리법의 내용과 벌칙에 대하여 설명하라.

7.2 등화장치의 용어 이해

등화장치의 성능시험과 기준(안전기준시행세칙 등)이해를 위한 최소한의 용어를 요약 정리하여 하였다. 첫째 "테스트 스텐드"란 시험램프가 자동차의 정규 사용 상태와 같은 위치로 고정 되도록 제작된 측정보조 장치로서 그림 7.2와 같이 시험램프의 광학적 중심을 용이하게 찾을 수 있도록 표시 되어있고 무광택 흑색 이어야 한다.

둘째 "광학적 중심"이란 램프의 전구가 1등식 또는 1전구식일 경우 전구의 필라멘트 중심을 말하며 2, 3등식 또는 2, 3전구식의 경우는 양단 램프의 전구 필라멘트 중심의 중간점을 말한다. 단, 동일전구로 복수의 필라멘트를 가지고 있는 경우는 제1필라멘트 중심을 말한다. 또한 후부반사기의 경우에는 반사표면의 중심을 말한다.

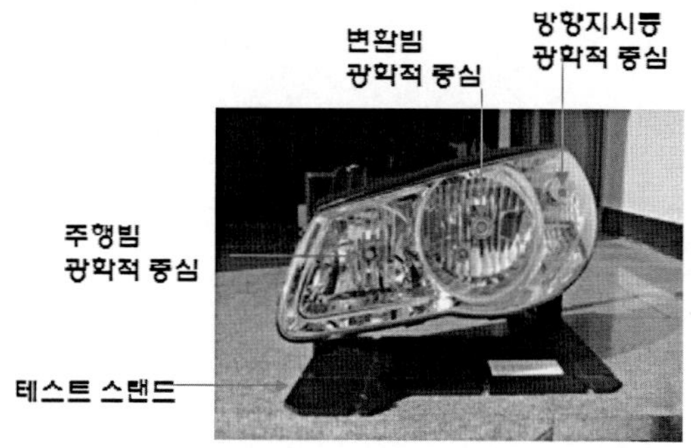

그림 7.2 시험용 테스트 스탠드

셋째 "주광축"이란 램프유니트의 기준중심과 그 램프에서 조사되는 최대광도점의 위치를 연결한 축을 말하고 "램프축"은 그림 7.3과 같이 제작자에 의해 제시된 광학적 중심에서 자동차 중심선에 평행하고 수평한 축을 말한다. 단, 측면에 부착되는 등화의 경우에는 자동차 중심선에 평행한 수직면에 대해서 수직인 축을 말한다.

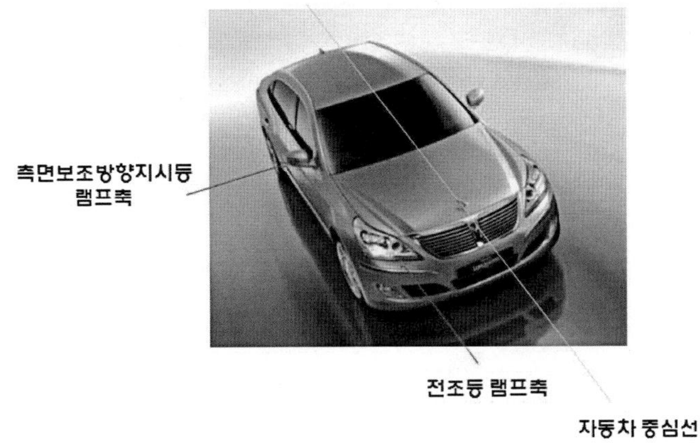

그림 7.3 자동차의 중심선과 램프축

넷째 "유효조광면적"이란 등화렌즈의 외측둘레를 기준으로 산정한 전체면적에서 반사기렌즈의 면적과 등화부착용 나사머리부의 면적 등을 제외한 면적을 말하며 그림 7.4와 같으며 미등 또는 제동등의 면적계산에 사용된다.

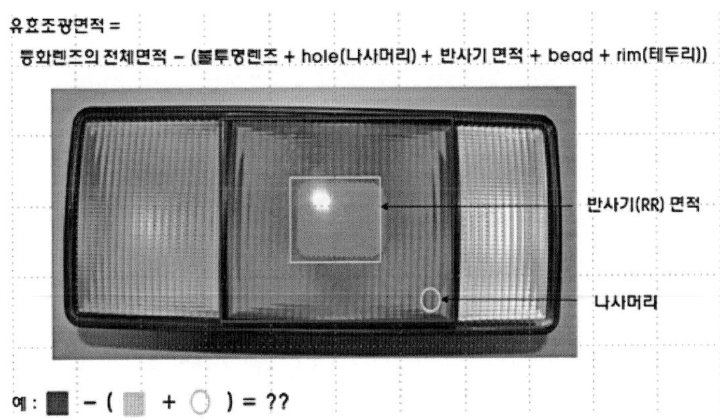

그림 7.4 리어콤비램프의 유효조광면적 표시도

연습 문제

7.2 전조등의 배광측정에 사용되는 광학적 중심의 중요성에 대하여 설명하라.

7.3 등화장치의 종류와 상세기능

자동차에 장착되고 있는 등화장치는 크게 두 가지 형태로 크게 분류할 수 있다. 첫 번째로 야간운전시 도로를 비추는 조명용 등화장치인 전조등, 앞면안개등, 코너링 조명등, 후퇴등이 있다. 그리고 두 번째로 자동차의 방향전환, 정지(브레이크) 등과 같은 신호제공 또는 위치를 알려주는 등화장치인 후미등, 제동등, 보조제동등, 차폭등, 방향지시등, 주간주행등, 번호등, 후부반사기, 후부반사판, 반사띠, 뒷면안개등, 바닥조명등 등이 있다. 현재 20여종의 등화장치가 자동차 종류에 따라 사용되고 있으며, 등화장치는 개수, 빛의 세기, 색상(Color), 장착위치 및 크기 그리고 작동조건에 따라 설치되고 작동되어야 한다.

등화장치의 종류 및 기능은 다음과 같이 요약할 수 있다. 첫째 자동차 앞면 등화장치로서 그림 7.5와 같이 (1) 주행빔 전조등(Driving beam, Main beam Headlamp)은 자동차 전방의 먼 거리를 비추기 위한 램프로서, 다가오는 차가 있는 경우 심각한 눈부심을 유발할 수 있다. (일명 "하이빔"이라고 한다) (2) 변환빔 전조등(Passing beam, Dipped beam)은 다가오는 차 운전자와 주위 도로 이용자에게 눈부심을 최소화하고, 자동차 전방을 비추기 위한 램프이다. 일반적으로 야간 운전시 주로 사용한다. 특히, 변환빔 전조등에 가스방전식(High Intensity Discharge) 전구 또는 발광소자(LED)를 사용한 전조등이 현재 적용되고 있으며, 주위환경조건과 도로유형에 따라 빛이 자동으로 변동되는 적응형 전조등(Adaptive Front-lighting System)도 사용되고 있다. (3) 앞면안개등(Front Fog Lamp)은 눈이나 비가 내리거나, 안개 또는 먼지 등이 발생한 경우 사용하는 등화장치이다. (4) 주간주행등(Daytime Running Lamp)은 주간 주행시 자동차의 주행상태를 쉽게 인식할 수 있도록 사용하는 램프로서 2015년7월1일부터 필수장착으로 적용되고 있다. (5) 앞면방향지시등(Front Direction indicator Lamp)은 자동차 운전자가 오른쪽 또는 왼쪽으로 방향을 바꾸기 위해 주위 도로 이용자에게 신호를 전달하기 위한 사용하는 램프이다. (6) 차폭등(Front Position Lamp)은 자동차 앞면에 장착되어 자동차의 너비와 위치를 알려주는 램프이고 (7) 코너링 램프(Cornering Lamp)는 자동차 앞·측면에 장착되어 회전하고자 하는 도로에 조명을 증가시키기 위해 사용하는 등화장치이다.

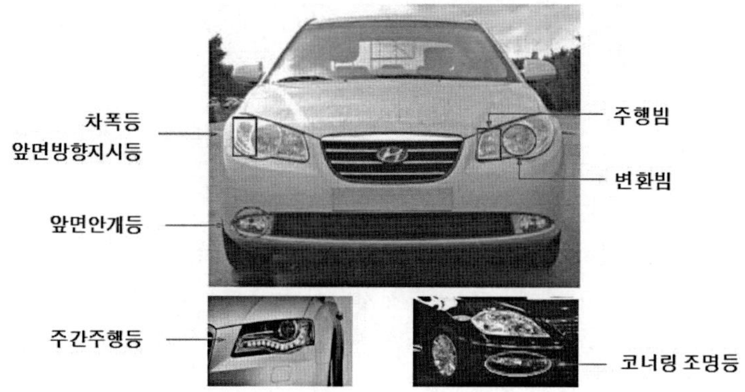

그림 7.5 자동차 앞면의 등화장치

둘째 그림 7.6과 같이 자동차 뒷면 등화장치로서 (1) 뒷면안개등(Rear Fog Lamp)은 안개 또는 눈이 오거나, 비바람 또는 먼지가 발생한 경우, 뒤따르는 자동차 운전자에게 자신의 위치를 알려주는데 사용하는 등화장치이다. (2) 번호등(Rear registration plate illuminating device)은 번호판을 비추기 위해 사용되는 램프이고 (3) 후미등(Rear Position Lamp)은 자동차 뒷면에 장착되어 야간에 자동차의 운행상태를 알려주는 램프이다. (4) 제동등(Stop Lamp)은 브레이크가 작동되고 있음을 알려주는 램프로서 최근에는 비상제동장치와 연동되어 운전자가 브레이크 페달을 밟지 않아도 감속력에 따라 작동되는 시스템도 있다. (5) 보조제동등(Center High mounted stop Lamp)은 일반 제동등 보다 높게 설치되어 도로위의 흙탕물 등의 오염으로 보호되어 뒤따라오는 운전자에게 보다 쉽게 제동상태 등 운행정보를 알려주는 기능을 한다. (6) 후퇴등(Reversing lamp)은 자동차 뒷면의 도로를 비추고, 자동차가 후진하고 있거나 후진하려는 의도를 다른 도로 운전자에게 알려주는데 사용되며 (7) 뒷면방향지시등(Rear Direction indicator Lamp)은 자동차 뒷면에 장착되어 운전자가 오른쪽 또는 왼쪽으로 방향을 바꾸기 위해 주위 도로 이용자에게 신호를 전달하는 램프이다. 한편 외부의 빛을 받아 작용하는 (8) 반사기(Reflex Reflector)는 주위 자동차의 전조등에서 비추는 빛을 반사시켜 자신의 위치를 알려주는 장치로 전원을 사용하지 않는 주차상태에서 매우 효용적이다. 반사기에는 후면에 장착되는 후부반사기, 옆면에 장착되는 옆면반사기가 있다. (9) 비상점멸표시등(Hazard Warning Signal)은 일시적으로 다른 도로 이용자에게 특정한 위험상황임을 알려주는 램프로서 일반적으로 방향지시등과 겸용으로 모든 방향지시등이 점멸한다.

그림 7.6 자동차 뒷면의 등화장치

셋째 그림 7.7과 같이 자동차 옆면 등화장치로서 (1) 측면보조방향지시등(Side Direction Indicator)은 운전자가 오른쪽 또는 왼쪽으로 방향을 바꾸기 위해 주위 도로 이용자에게 신호를 전달하기 위한 램프로 방향지시등을 보조한다. (2) 옆면표시등(Side Marker Lamp)은 자동차의 측면 너비를 표시하며 (3) 주차등(Parking Lamp)은 주차된 자동차의 위치를 알려주는데 사용되고 차폭등과 후미등을 이용하여 대체될 수 있다.

그림 7.7 자동차 옆면의 등화장치

넷째 그림 7.8과 그림 7.9와 같이 기타 등화장치로서 (1) 바닥조명등(Exterior Courtesy lamp)은 자동차 운전자 및 승객의 승하차 또는 화물작업을 보조할 목적으로 사용되며 (2) 상부끝단표시등(End-outline marker lamp)은 자동차의 최대한 외측 가장자리에 장착되어 전체 너비를 표시하도록 하는 램프로서 주로 대형화물차 또는 버스에 사용한다. (3) 후부반사판(Rear Marking Plates)은 4.5톤 이상의 대형화물차 또는 트레일러의 뒷면에 부착하여 주차된 차의 야간추돌을 예방하기 위한 장치이다. 또한 (4) 반사띠(Contour marking)는 대형차 및 트레일러의 옆면 또는 뒷면에 부착하여 자동차의 외형

윤곽을 잘 보이도록 하는 것으로 야간 현저성(Conspicuity)을 증대시키는 장치이다. 이러한 반사띠는 자동차의 외곽형상에 따라 모두 부착하는 전반사띠(Full contour marking)와 부분적으로 부착하는 부분반사띠(Partial contour marking)로 사용된다.

[바닥조명등(Puddle lamp)]

[버스 끝단 표시등]

그림 7.8 기타 등화장치 부착사례

[화물차 후부반사판]

[주·야간 반사띠]

그림 7.9 대형자동차의 반사지 부착사례

연습 문제

7.3 사용목적에 따라 적용되는 등화장치의 설치요건과 그 기능에 대하여 설명하라.

7.4 국내 등화장치 기준

등화장치의 기준은 자동차의 안전운행을 위해 그 기능과 목적에 적합한 설치 및 내구성능을 포함한 광도와 색상기준이 있다. 본 장에서는 주요 등화장치 제조에 필요한 설치 및 광도기준 위주로 이해하기 쉽게 요약 정리하였다[5].

7.4.1 전조등(제38조)

전조등의 기준은 크게 할로겐 전조등, 가스방전식 전조등 과 도로환경에 따라 적합한 조명을 구현하는 적응형 전조등(AFLS) 기준이 있다. LED 전조등은 할로겐 변환빔 전조등 광도 값의 0.7배 이다. 또한 전조등의 공통 기준은 자동차의 앞면 좌·우에 각각 한 개 또는 두 개를 설치할 것 과 등광색은 백색이어야 한다.

1) 할로겐 전조등 기준

할로겐 전조등의 주행빔 및 변환빔의 광도기준은 아래 표 7.1과 표 7.2를 만족하여야 한다.

Ⅰ표 7.1Ⅰ 할로겐 주행빔 전조등 광도기준

측정점	각 도	기준값(칸델라)
최대 광도값		30,000 이상 150,000 이하
H-V		최대 광도값의 80% 이상
H-5L	0.0, 5.0L	3,750 이상
H-2.5L	0.0, 2.5L	15,000 이상
H-2.5R	0.0, 2.5R	15,000 이상
H-5R	0.0, 5.0R	3,750 이상

| 표 7.2 | 할로겐 변환빔 전조등 광도기준

측정점	각 도	기준값(칸델라)
B50L	0.57U, 3.43L	250 이하
75R	0.57D, 1.15R	7,500 이상
75L	0.57D, 3.43L	7,500 이하
50L	0.86D, 3.43L	9,375 이하
50R	0.86D, 1.72R	7,500 이상
50V	0.86D, 0	3,750 이상
25L	1.72D, 9.0L	1,250 이상
25R	1.72D, 9.0R	1,250 이상
구역 Ⅲ	-	438 이하
구역 Ⅳ	-	1,875 이상
구역 Ⅰ	-	2×50R 이하

위 표의 "L"은 VV선의 좌측, "R"은 VV선의 우측, "U"는 HH선의 상측, "D"는 HH선의 하측, "V"는 VV선을 의미한다. 변환빔 측정점의 상세내용은 그림 7.10과 같다.

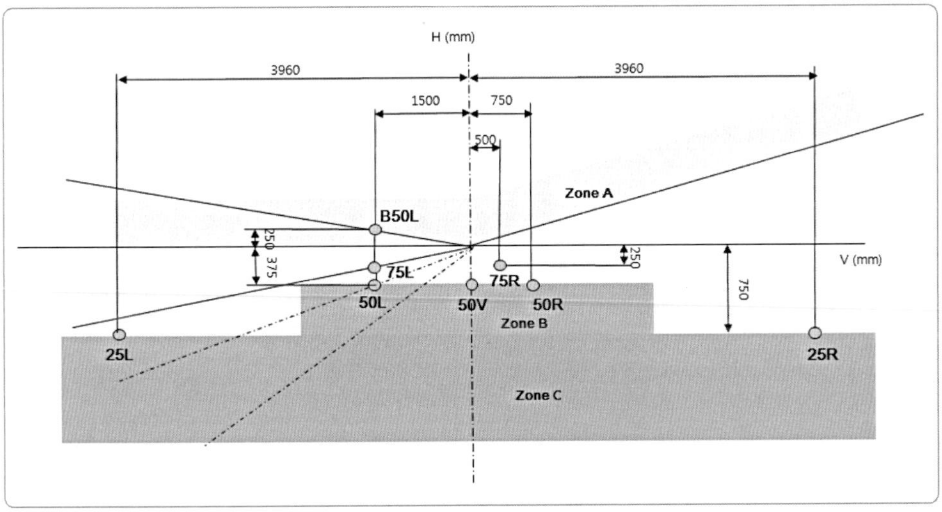

그림 7.10 25 m에 위치한 스크린상의 할로겐 변환빔 측정점 위치

또한, 변환빔의 구역 Ⅲ내에서 아래 측정점의 광도값은 다음의 광도범위 안에 있어야 한다.

(가) $1 + 2 + 3 \geq 187$칸델라

(나) 4 + 5 + 6 ≥ 375칸델라

(다) 438칸델라 ≥ 7 ≥ 63칸델라

(라) 438칸델라 ≥ 8 ≥ 125칸델라

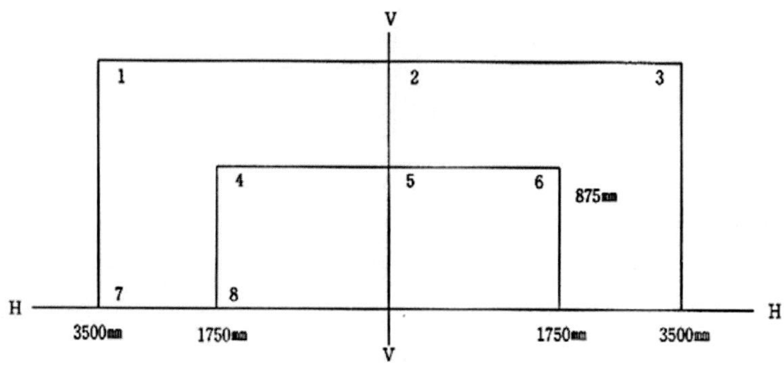

그림 7.11 구역 Ⅲ내의 측정점

양산자동차 변환빔 전조등의 광도기준은 위 기준의 ±20퍼센트 이내의 편차를 가질 수 있다. 다만, 구역 Ⅲ에서는 625칸델라 이하, B50L은 375칸델라 이하이어야 한다.

2) 가스방전식 전조등 기준

가스방전식 전조등의 주행빔 및 변환빔의 광도기준은 아래 표 7.3, 표 7.4와 표 7.5를 만족하여야한다.

▎표 7.3▎ 가스방전식 주행빔 전조등 광도기준

측정점	각 도	기준값(칸델라)
최대 광도값		43,800 이상
H-V		최대 광도값의 80% 이상
H-5L	0.0, 5.0L	6,250 이상
H-2.5L	0.0, 2.5L	25,000 이상
H-2.5R	0.0, 2.5R	25,000 이상
H-5R	0.0, 5.0R	6,250 이상

표 7.4 가스방전식 변환빔 전조등 광도기준-1

측정점		측정각도	기준값(칸델라)
8L 1U, 8L 4U, 8R 4U, 8R 2U, 6R 1.5U, 1.5R 1.5U, V-V H-H, 4L H-H			625 이하
1	HV	0, 0	625 이하
2	B50L	0.57U, 3.43L	350 이하
3	75R	0.57D, 1.15R	12,500 이상
4	50L	0.86D, 3.43L	12,500 이하
5	25L1	1.72D, 3.43L	18,800 이하
6	50V	0.86D, 0	7,500 이상
7	50R	0.86D, 1.72R	12,500 이상
8	25L2	1.72D, 9L	2,500 이상
9	25R1	1.72D, 9R	2,500 이상
10	25L3	1.72D, 15L	1,250 이상
11	25R2	1.72D, 15R	1,250 이상
12	15L	2.86D, 20L	625 이상
13	15R	2.86D, 20R	625 이상

또한, 가스 방전관에서는 14+15+16≥187칸델라, 17+18+19≥375칸델라 이상이어야 한다.

표 7.5 가스방전식 변환빔 전조등 광도기준-2

측정점		측정각도	기준값(칸델라)
14	-	4U, 8L	-
15	-	4U, 0	-
16	-	4U, 8R	-
17	-	2U, 4L	-
18	-	2U, 0	-
19	-	2U, 4R	-
20	-	0, 8L	65 이상
21	-	0, 4L	125 이상
A~B	구역 Ⅰ	0.86D, 5.15L~5.15R	3,750 이상
C-D	구역 Ⅱ	1U, 2.5R	1,750 이하
E~F	구역 Ⅲ을 포함한 아랫부분	4.29D, 9.37L~8.53R	12,500 이하
우측 최대광도		1.72D 윗부분-VV선 우측	43,800 이하
좌측 최대광도		VV선 좌측	31,300 이하

위 표의 변환빔 측정점의 상세내용은 그림 7.12와 같다.

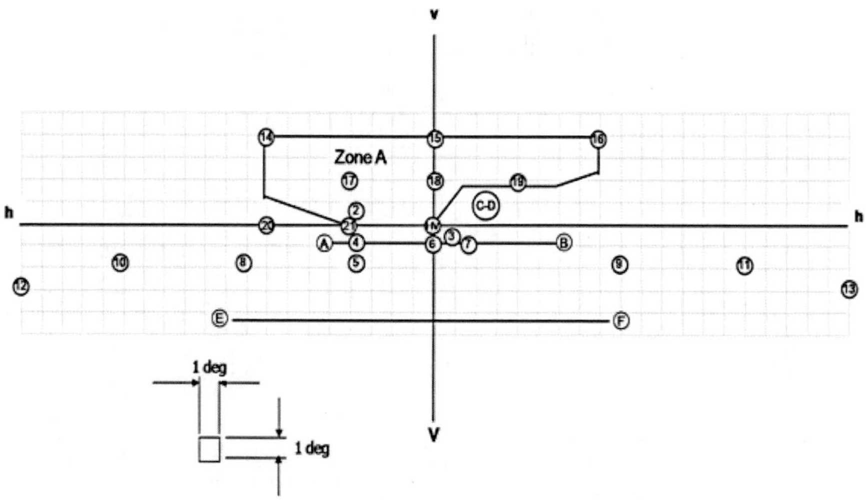

그림 7.12 25 m에 위치한 스크린상의 가스방전식 변환빔 측정점 위치

3) 적응형 전조등(AFLS) 기준

적응형 전조등은 적합한 모드의 선정과 모드 변환은 자동으로 작동되어야 하고, 운전자 및 도로사용자에게 불쾌감을 유발하지 아니해야 하며 아래와 같은 요구사항을 만족해야 한다.

가) 적응형 전조등의 변환빔은 다른 모드가 작동하지 않을 경우, 기본 모드가 작동될 것

나) 시가지 모드(V 신호)는 아래 조건 중 하나 이상 자동으로 감지 시 작동될 것

(1) 시가지 도로에서 자동차 속도가 60 km/h 이하

(2) 고정된 도로조명이 설치된 도로에서 자동차 속도가 60 km/h 이하

(3) 연속적으로 도로면의 휘도(輝度)가 1 cd/m^2 이상 또는 도로면의 수평조도가 10 lux 이상

(4) 자동차 속도가 50 km/h 이하

다) 고속도로 모드(E 모드)는 자동차 속도가 70 km/h를 초과하고, 아래 조건 중 하나 이상 자동으로 감지 시 작동될 것

(1) E 신호 : 고속도로 조건 또는 자동차 속도가 110 km/h 초과

(2) E1 신호 : 자동차 속도 100 km/h 초과

(3) E2 신호 : 자동차 속도 90 km/h 초과

(4) E3 신호 : 자동차 속도 80 km/h 초과

라) 젖은 도로 모드(W 신호)는 앞면안개등이 소등되고, 아래 조건 중 하나 이상 자동으로 감지 시 작동될 것

(1) 젖은도로를 자동으로 감지할 경우

(2) 수동 또는 자동으로 창닦이기가 2분 이상 작동될 경우

마) 각 모드는 조향장치의 각도 또는 자동차 무게중심의 궤적이 변하는 경우, 아래의 조건을 만족하는 곡선로 조명이 작동 가능할 것

(1) 컷오프선의 꺾임점 또는 빔전체가 수평으로 회전하는 구조는 자동차가 앞으로 움직이는 경우에만 작동될 것. 다만, 오른쪽으로 회전하는 경우는 제외한다.

(2) 컷오프선의 꺾임점은 자동차 무게중심의 회전궤적과 자동차 앞면으로부터 변환빔 설치높이의 100배 이상 거리에서 교차하지 아니할 것

(3) 한 개 이상의 추가적인 광원을 이용하여 곡선로 조명을 구현하는 경우 자동차 회전반경 500 m 이내에서 작동될 것

바) 적응형 전조등은 운전자가 기본 모드로 고정할 수 있어야 하고, 자동작동상태로 되돌아 갈 수 있을 것

적응형 전조등의 주행빔 및 변환빔의 광도기준은 아래 표 7.6, 표 7.7과 표 7.8을 만족하여야한다.

| 표 7.6 | 적응형 전조등 주행빔 광도기준

측정점(각도)	기준값(칸델라)	
	최소	최대
H-V	최대광도 80% 이상	-
최대광도값	40,500	215,000
H-5L	5,100	-
H-2.5L	20,300	-
H-2.5R	20,300	-
H-5R	5,100	-

| 표 7.7 | 적응형 전조등 변환빔 광도기준-1

측정점 및 측정구역		측정 각도		기본		시가지		고속도로		젖은도로	
		수평각	수직각	최소	최대	최소	최대	최소	최대	최소	최대
1	B50L	3.43L	0.57U	50[4]	350	50	350	50	625[8]	50	625
2	H-V	V	H	50[4]	625	50	625	50		50	
3	BR	2.5R	1U	50[4]	1,750	50	880	50	1,750	50	2,650
4	구역 BRR	8R~20R	0.57U	50[4]	3,550		880		3,550		5,300
5	구역 BLL	8L~20L	0.57U	50[4]	625		880		880		880
6	P	7L	H	63						63	
7	구역 Ⅲ(표 3)				625		625		880		880
8	S50, S50LL, S50RR		4U	190				190		190	
9	S100, S100LL, S100RR		2U	375				375		375	
10	50R	1.72R	0.86D			5,100					
11	75R	1.15R	0.57D	10,100				15,200		20,300	
12	50V	V	0.86D	5,100		5,100		10,100		10,100	
13	50L	3.43L	0.86D	3,550	13,200[9]	3,550	13,200[9]	6,800		6,800	26,400[9]
14	25LL	16L	1.72D	1,180		845		1,180		3,400	
15	25RR	11R	1.72D	1,180		845		1,180		3,400	

| 표 7.8 | 적응형 전조등 변환빔 광도기준-2

측정점 및 측정구역		측정 각도		기본		시가지		고속도로		젖은도로	
		수평각	수직각	최소	최대	최소	최대	최소	최대	최소	최대
16	구역 20을 포함한 아랫부분	3.5L～V	2D								17,600[2]
17	구역 10을 포함한 아랫부분	4.5L～2R	4D		12,300[1]		12,300[1]		12,300[1]		7,100[2]
18	최대광도값[3]			16,900	44,100	8,400	44,100	16,900	79,300[8]	29,530	70,500[2]
도로의 곡률조건 또는 조향조건에 따라 조명의 밝기나 방향이 조절되는 곡선로 조명이 적용된 경우 위 표 1, 2, 7, 13, 18의 광도기준은 아래와 같이 적용한다.											
1	B50L	3.43L	0.57U	50[4]	530		530				790
2	H-V	V		50[4]	880		880				
7	구역 Ⅲ(표 3)		H		880		880		880		880
13	50L	3.43L	0.86D	1,700		1,700		3,400		3,400	
18	최대광도값[6]			10,100	44,100	5,100	44,100	10,100	79,300[8]	20,300	70,500[2]

위 표의 첨자로 붙은 광도 값에 대한 상세기준은 아래 표 7.9와 같다.

| 표 7.9 | 표 7-7, 표 7-7의 광도의 각주 요건

1. 젖은도로 모드인 경우 최대광도는 15,900칸델라 이하일 것
2. 추가적인 요구사항은 표 7-12에 적합할 것
3. 각 모드별 최대광도 및 컷오프선 수평부 위치는 표 7-10에 적합할 것
4. 측정된 광도값은 좌·우 각각 50칸델라 이상일 것. 다만, 세부구역 BLL과 BRR은 측정된 광도 값 중 최소 한 점은 50칸델라 이상이어야 한다.
5. 측정점 및 측정구역은 표 7-13에 적합할 것
6. 각 모드별 최대광도점의 위치는 HV에서 하향 2도, 좌·우측 45° 및 표 7-10의 수직 최대 위치 이내일 것
7. 차폭등이 적응형 전조등의 일부이거나, 적응형 전조등과 함께 설치되는 경우에는 제작자의 설정에 따라 점등이 가능하다.
8. 고속도로 모드는 표 7-14에 적합할 것
9. 정전압장치 또는 자동차시스템에 의해 이 값이 초과되지 않는 것이 확인되는 경우 최대광도 값의 1.4배를 적용할 수 있을 것

| 표 7.10 | 변환빔 각도 위치/범위 조건

각도 위치/범위		기본		시가지		고속도로		젖은 도로	
모드 명칭 및 요구사항		수평	수직	수평	수직	수평	수직	수평	수직
2.1	최대광도값의 위치	0.5L ~3R	0.3D ~1.72D		0.3D ~1.72D	0.5L ~3R	0.1D ~1.72D	0.5L ~3R	0.3D ~1.72D
2.2	컷오프 꺾임점이 V-V에 위치할 것								
	컷오프선 수평부의 위치		0.57D		0.57D ~1.3D		0.23D ~0.57D		0.23D ~0.57D

| 표 7.11 | 구역 Ⅲ의 측정위치

범위	경계점	1	2	3	4	5	6	7	8
구역 A-1 (기본, 시가지)	수평	8L	8L	8R	8R	6R	1.5R	V-V	4L
	수직	1U	4U	4U	2U	1.5U	1.5U	H-H	H-H
구역 A-2 (젖은 도로, 고속도로)	수평	8L	8L	8R	8R	6R	1.5R	0.5L	4L
	수직	1U	4U	4U	2U	1.5U	1.5U	0.34U	0.34U

| 표 7.12 | 젖은 도로 모드의 추가적인 기준

<table>
<tr><td rowspan="2">4.1</td><td>구역 E, F1, F2 그리고 F3의 요구사항 및 정의</td></tr>
<tr><td>구역 E, F1, F2, F3에서 175칸델라 이하일 것
a) 구역 E:10U-20L~20R
b) 구역 F1:10L-10U~60U, 구역 F2:V-10U~60U, 구역 F3:10R-10U~60U</td></tr>
<tr><td rowspan="2">4.2</td><td>최대광도, 구역 20, 구역 10의 요구사항에 따른 대체 또는 추가적인 설정
표 7-6의 16, 17, 18의 최대 요구사항은 아래의 값으로 대체 가능할 것</td></tr>
<tr><td>구역 20과 아랫부분:8,800칸델라 이하, 구역 10과 아랫부분:3,550칸델라 이하로 설계된 경우 최대광도값은 88,100칸델라 이하일 것</td></tr>
</table>

| 표 7.13 | 측정위치

구분	S50LL	S50	S50RR	S100LL	S100	S100RR
측정 각도	4U/8L	4U/V-V	4U/8R	2U/4L	2U/V-V	2U/4R

| 표 7.14 | 고속도로모드의 추가 기준

<table>
<tr><td colspan="4">[표 7-7]의 1과 [표 7-8]의 18 그리고 [표 7-10]의 2.2는 아래 값으로 대체될 수 있을 것</td></tr>
<tr><td rowspan="3">구 분</td><td>[표 7-7]의 1</td><td>[표 7-8]의 18</td><td>[표 7-10]의 2.2</td></tr>
<tr><td>EB50L</td><td>최대광도값</td><td rowspan="2">컷오프선의 수평부 조준</td></tr>
<tr><td>최대</td><td>최대</td></tr>
<tr><td>E1</td><td>530</td><td>70,500</td><td>0.34D</td></tr>
<tr><td>E2</td><td>440</td><td>61,700</td><td>0.45D</td></tr>
<tr><td>E3</td><td>350</td><td>52,900</td><td>0.57D</td></tr>
</table>

위의 표를 이해하기 위한 25 m 스크린상의 측정점 및 측정구역은 그림 7.13과 같다.

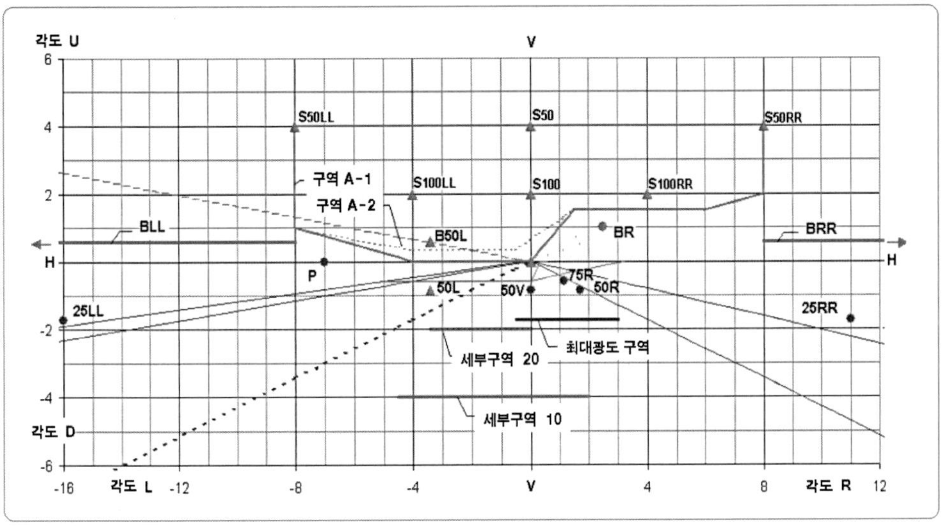

그림 7.13 적응형전조등의 25 m에 위치한 스크린상의 측정점 및 측정구역

7.4.2 안개등(제38조의 2)

안개등의 기준은 크게 필라멘트를 사용하는 Class B 안개등 기준과 가스방전램프 및 LED 램프를 사용하는 Class F3 안개등 기준으로 나눌 수 있다. 한편 자동차의 뒷면에도 추돌방지용으로 안개등을 설치할 수 있다.

앞면안개등은 자동차의 좌·우에 각각 한 개를 설치할 수 있으며 등광색은 백색 또는 황색이어야 한다. 안개등의 광도기준은 아래 표 7.15 또는 표 7.16을 만족하여야한다.

표 7.15 Class B 안개등 광도기준 – I

측정구역	기준값(칸델라)	
구역 A(225L~225R과 H~75U)	95 이상 625 이하	-
구역 B(구역 A를 제외한 1250L~1250R과 H~150U)	625 이하	구역 A 제외
구역 C(1250L~1250R과 150U 윗부분)	315 이하	-
구역 D(450L~450R과 75D~150D)	940 이상	각 수직선에서 최소 한 개의 측정점 이상
구역 E(구역 D를 제외한 1000L~1000R과 75D~150D)	315 이상	

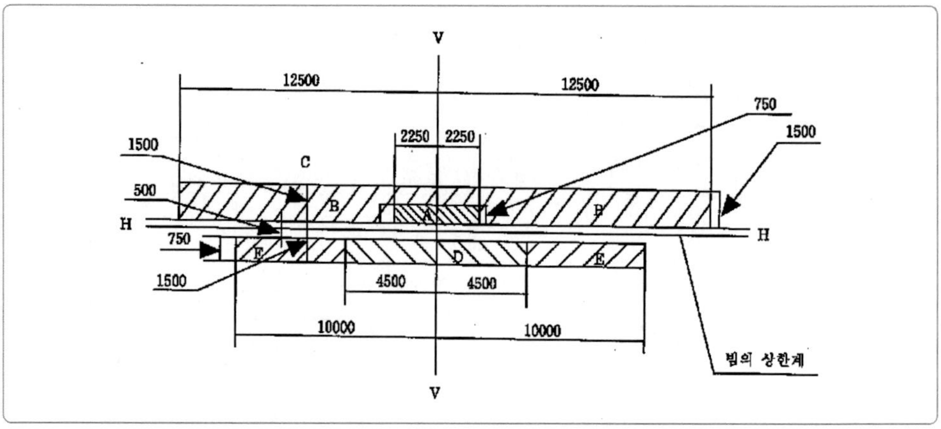

그림 7.14 Class B 안개등의 25 m에 위치한 스크린상의 측정구역 - I

❙표 7.16❙ Class B 안개등 광도기준 -Ⅱ

측정위치	수직 위치(*)	수평 위치(*)	기준값(칸델라)	
선 1(**)	15°U~60°U	0°	100 이하	모든 선
구역 A	0°~1.75°U	5°L~5°R	62 이상	전체 구역
구역 B	0°~3.5°U	26°L~26°R	400 이하	
구역 C	3.5°U~15°U	26°L~26°R	250 이하	
구역 D	1.75°D~3.5°D	12°L~12°R	1,250 이상 8,000 이하	각 수직선에서 최소 한 개의 측정점 이상
구역 E	1.75°D~3.5°D	12°L~22°L 그리고 12°R~22°R	600 이상 8,000 이하	

(*) : 수직축 각도 좌표계를 적용한다.

(**) : 선 1 영역에서 한 개의 좁은 구역 또는 줄무늬는 230칸델라를 초과하지 아니할 것. 좁은 구역 또는 줄무늬는 2°의 원추각 또는 너비 1°를 초과하지 않아야 하고, 다수의 좁은 구역 또는 줄무늬는 최소 10° 이상 떨어질 것

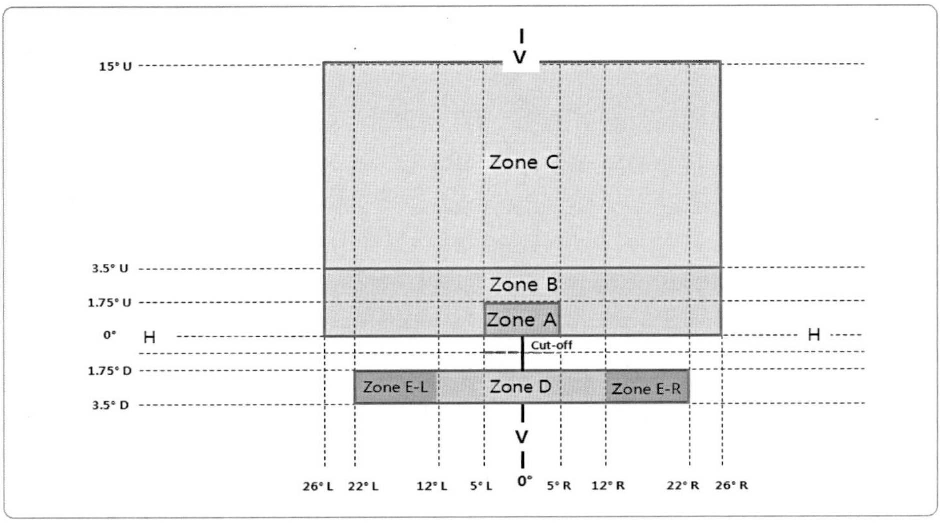

그림 7.15 Class B 안개등의 25 m에 위치한 스크린상의 측정구역 - II

| 표 7.17 | Class F3 안개등 광도기준

측정위치	수직위치(*)	수평위치(*)	기준값(칸델라)	
점 1, 2(**)	+60°	±45°	60 이하	전측정점
점 3, 4(**)	+40°	±30°		
점 5, 6(**)	+30°	±60°		
점 7, 10(**)	+20°	±40°		
점 8, 9(**)	+20°	±15°		
선 1(**)	+8°	-26°～+26°	90 이하	모든 선
선 2(**)	+4°		105 이하	
선 3	+2°		170 이하	
선 4	+1°		250 이하	
선 5	0°	-10°～+10°	340 이하	
선 6(***)	-2.5°	내측 5° 외측 10°	2,000 이상	
선 7(***)	-6.0°		선 6 측정최대값의 50% 이하	
선 8L/R(***)	-1.5°～-3.5°	-22°, +22°	800 이상	한 개 이상의 측정점
선 9L/R(***)	-1.5°～-4.5°	-35°, +35°	320 이상	
구역 D(***)	-1.5°～-3.5°	-10°～+10°	8,400 이하	전체 구역

(*) : 수직축 각도 좌표계를 적용한다.

(**) : 측정점 1부터 10까지 그리고 선 1 또는 선 1과 2의 영역에서 한 개의 좁은 구역 또는 줄무늬는 160칸델라를 초과하지 아니할 것. 좁은 구역 또는 줄무늬는 2°의 원추

각 또는 너비 1°를 초과하지 않아야 하고, 다수의 좁은 구역 또는 줄무늬는 최소 10° 이상 떨어질 것

(***) : 결합 쌍으로 구성된 두 개의 앞면안개등은 각각 시험할 수 있을 것. 다만, 선 6, 7, 8, 9와 구역 D는 좌·우측 앞면 안개등의 측정값 평균을 적용하여야 한다.

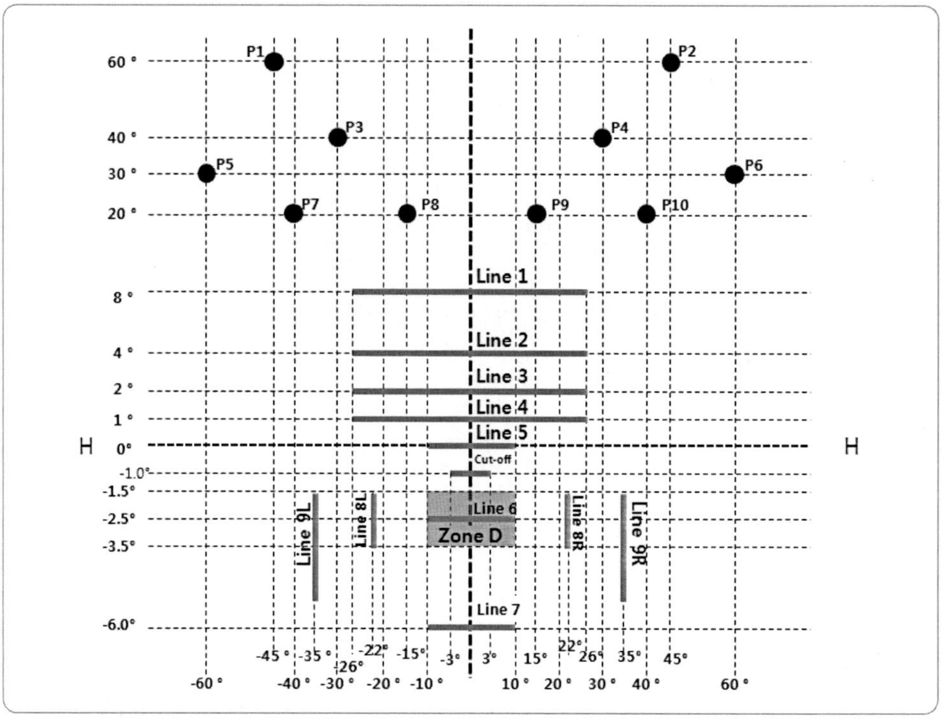

그림 7.16 Class F3 안개등의 25m에 위치한 스크린상의 측정점 위치

또한 뒷면 안개등은 한 개를 설치할 수 있으며 등광색은 적색이어야 하고 광도기준은 최대 300칸델라 이하 이며 표 7.18을 만족하여야한다.

표 7.18 뒷면 안개등 광도기준

측정점 및 측정구역(각도)	광도(칸델라)
H-10L~10R	150 이상
V-5U~5D	150 이상
이외의 구역	75 이상

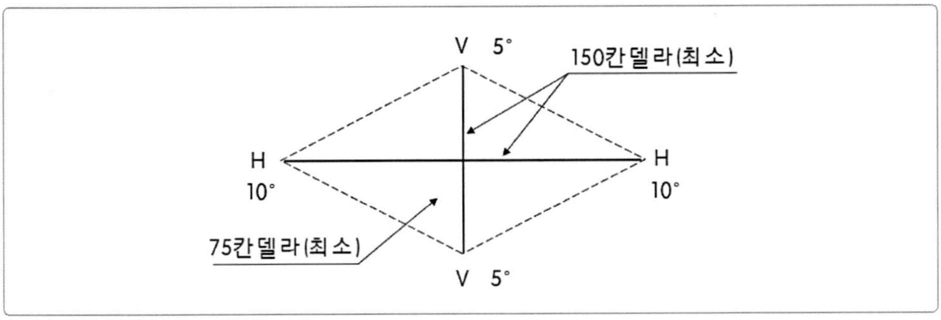

그림 7.17 뒷면안개등의 스크린상의 측정구역

7.4.3 주간주행등(제38조의 4)

주간운전 시 자동차를 쉽게 인지할 수 있도록 자동차의 앞면에 반드시 주간주행등을 설치하여야 한다. 주간주행등은 시동장치의 열쇠가 원동기 작동위치에서 자동으로 점등되어야한다. 다만 자동변속기 조종장치가 주차위치 이거나, 주차제동장치가 작동 시 및 원동기 시동 후 최초 이동전에는 점등 되지 않아도 된다. 주간주행등의 광도기준은 최대 1,200칸델라 이하 이어야하고 최소기준은 아래 표 7.19를 만족하여야한다.

【표 7.19】 주간주행등의 최소광도

측 정 점		광도(칸델라)
10U	5L	80 이상
	V	80 이상
	5R	80 이상
5U	20L	40 이상
	10L	80 이상
	V	280 이상
	10R	80 이상
	20R	40 이상
H	20L	100 이상
	10L	280 이상
	5L	360 이상
	V	400 이상
	5R	360 이상
	10R	280 이상

	20R	100 이상
5D	20L	40 이상
	10L	80 이상
	V	280 이상
	10R	80 이상
	20R	40 이상

7.4.4 후퇴등(제39조)

설치높이는 후퇴등의 발광면이 공차상태에서 지상 250 mm 이상 1,200 mm 이내 이어야하고, 작동조건은 원동기의 시동 또는 정지장치가 원동기를 작동시킬 수 있는 위치에 있고, 자동차 변속장치가 후퇴위치인 경우에만 점등되어야한다. 또한 차폭등·후미등·끝단표시등·옆면표시등·번호등이 점등되지 않을 경우 추가적으로 설치된 후퇴등도 점등되어서는 안 된다. 후퇴등의 광도기준은 표 7.20 및 표 7.21을 만족하여야한다.

| 표 7.20 | 후퇴등의 최대광도

측정점 및 측정구역(각도)	광도(칸델라)
H선 윗부분	300 이하
H-H~5D	600 이하
5D 아랫부분	8,000 이하

| 표 7.21 | 후퇴등의 최소광도

측정점 및 측정구역(각도)		광도(칸델라)
10U	10L, 10R	10 이상
	V	15 이상
5U	45L, 45R	15 이상
	10L, 10R	20 이상
	V	25 이상
H, 5D	45L, 45R	15 이상
	30L, 30R	25 이상
	10L, 10R	50 이상
	V	80 이상

7.4.5 번호등(제41조)

번호등은 번호판을 잘 비추는 위치에 설치하여야 하고, 후미등·차폭등·옆면표시등·끝단표시등과 동시에 점등·소등되는 구조이어야 한다. 번호등은 그림 7.18, 그림 7.19와 및 그림 7.20과 같이 번호판의 규격에 따라 측정점이 다르지만 최소 요구 휘도기준은 동일하다. 측정점 별 최소휘도는 2.5 cd/m^2 이상이어야 한다.

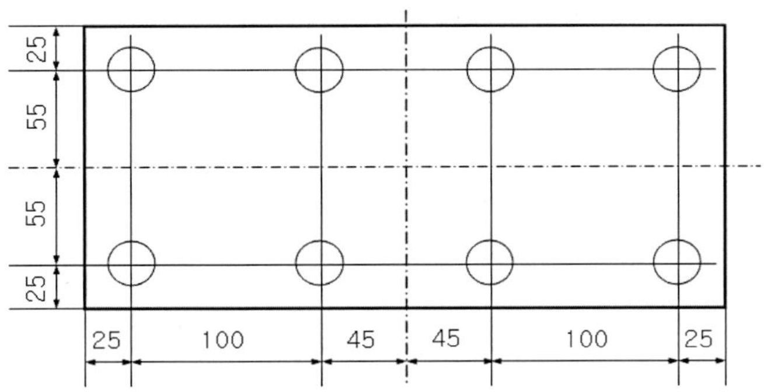

그림 7.18 등록번호판의 규격이 335×155 mm인 경우의 측정점

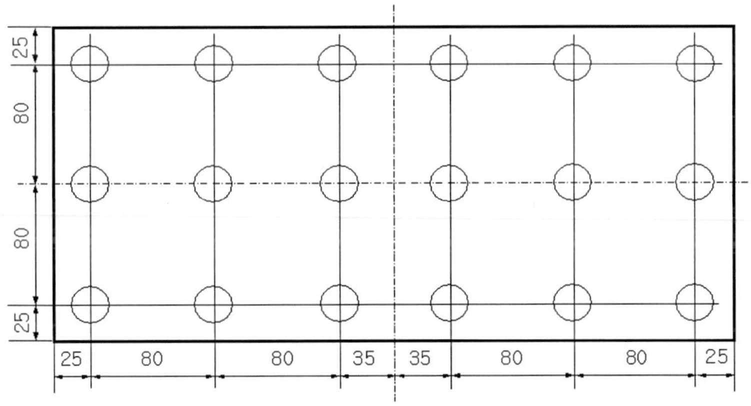

그림 7.19 등록번호판의 규격이 440×200 mm 또는 440×220 mm인 경우의 측정점

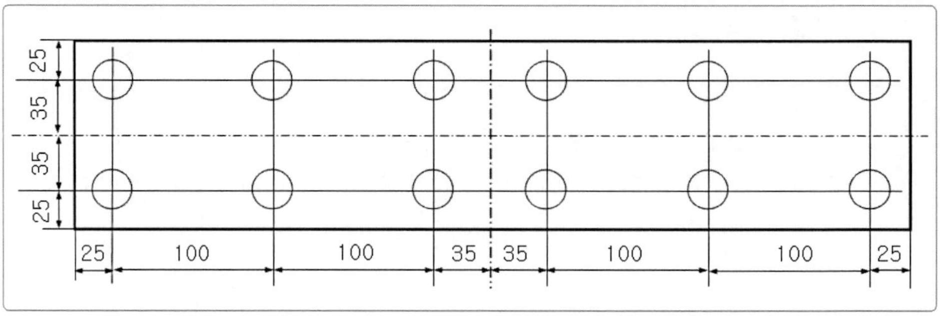

그림 7.20 등록번호판의 규격이 520 mm × 110 mm인 경우의 측정점

번호등의 휘도를 측정할 때는 위 그림 7.18, 19, 20의 측정점 ◯표시에 압지(반사율 80%이상, 지름 25 mm)를 붙이고 측정한다. 임의의 두 측정점의 휘도차이를 두 측정점의 거리로 나눈 값은 측정된 최소 휘도 값의 2배 이하이어야 한다. 계산공식은 표 7.22와 같다.

❙ 표 7.22 ❙ 번호등의 균제도 계산식

$$\frac{B_2 - B_1}{(1, 2\text{측정점 사이의 거리})} \leq 2 \times B_0$$

B_0 = 측정된 최소휘도값
B_1, B_2 = 임의의 두 측정점의 휘도값

7.4.6 후미등(제42조)

자동차의 뒷면에 설치되는 후미등은 좌·우에 각각 한 개를 설치하여야 한다. 다만, 끝단표시등이 설치되지 아니한 승합자동차 나 차량총중량 3.5톤 초과 화물자동차 및 특수자동차는 좌·우에 각각 한 개를 추가로 설치할 수 있으며 등광색은 적색이어야 한다.

작동조건은 후미등·끝단표시등·옆면표시등·번호등과 동시에 점·소등되는 구조이어야 하고 후미등이 방향지시등과 상호 결합된 경우 방향지시등이 작동하는 동안 후미등이 소등되는 구조도 가능하다. 한편 후미등은 다양한 환경조건 및 발광면의 오염 등에 따라 가변광도 제어 적용도 가능하다. 이러한 후미등의 광도기준은 표 7.23을 만족하여야한다.

❙ 표 7.23 ❙ 단일 및 D 등화 후미등의 최대 및 최소광도

구분	최소광도(칸델라)	최대광도(칸델라)	
		단일 등화	D 등화
고정광도	4 이상	17 이하	8.5 이하
가변광도	4 이상	42 이하	21 이하

위 표의 D 등화는 동일한 기능을 가진 두 개의 독립된 등화의 조합으로서 기준 축 방향에서 투영면의 전체면적이 투영면들을 밖으로 감싸는 최소 사각형 면적의 60% 이상의 요건을 만족하거나 또는 투영된 두 개의 분리된 면간 접선거리가 기준 축 방향에서 15 mm 이하의 요건을 만족하여야 한다. 가변광도는 작동조건에 따라 광도가 변하는 후미등을 의미한다. 한편 후미등의 각 측정점별 광도기준은 표 7-24를 만족하여야한다.

❙ 표 7.24 ❙ 후미등의 최소광도

측정점 및 측정구역(각도)		광도(칸델라)
H	10L, 10R	1.4 이상
	5L, 5R	3.6 이상
	V	4 이상
5U, 5D	20L, 20R	0.4 이상
	10L, 10R	0.8 이상
	V	2.8 이상
10U, 10D	5L, 5R	0.8 이상
관측각도 범위내		0.05 이상

7.4.7 제동등(제43조)

자동차의 뒷면에 설치되는 제동등은 등광색이 적색으로 좌・우에 각각 1개씩 설치하여야 한다. 또한 광도기준은 표 7.25 및 표 7.26을 만족하여야한다. 여기서 D-등화는 동일한 기능을 가진 두 의 독립된 등화의 조합으로 다음 각 목의 어느 하나의 조건을 만족하도록 설치할 수 있다.

가. 기준축 방향에서 투영면의 전체면적이 투영면들을 밖으로 감싸는 최소 사각형 면적의 60% 이상이어야 한다.

나. 투영된 두개의 분리된 면간 접선거리가 기준축 방향에서 15 mm 이하이어야 한다.

【표 7.25】 단일 및 D 등화 제동등의 최대 및 최소광도

구분	최소광도(칸델라)	최대광도(칸델라)	
		단일 등화	D-등화
고정광도	60 이상	260 이하	130 이하
가변광도	60 이상	730 이하	365 이하

【표 7.26】 제동등의 최대 및 최소광도

측정점 및 측정구역(각도)		광도(칸델라)
H	10L, 10R	21 이상
	5L, 5R	54 이상
	V	60 이상
5U, 5D	20L, 20R	6 이상
	10L, 10R	12 이상
	V	42 이상
10U, 10D	5L, 5R	12 이상
관측각도 범위내		0.3 이상

7.4.8 방향지시등(제44조)

자동차의 앞면・뒷면 및 옆면(피견인자동차의 경우에는 앞면을 제외한다)에는 등광색이 호박색인 방향지시등을 설치하여야 한다. 방향지시등은 설치위치에 따라 요구 성능조건이 다르다. 즉 그림 7.21, 그림 7.22와 같이 자동차 앞면 양측에 설치(카테고리-1 또는 1a 또는 1b)되는 것과 자동차 뒷면 양측에 설치(카테고리-2a1 또는 2b)되는 것, 자동차 옆면 양측에 설치(카테고리-5 또는 6)되는 것에 따라 설치 및 작동기준이 다르며 광도기준도 표 7.27 ~ 표 7.31에 따라 각각 만족하여야한다.

방향지시등의 설치기준은 다음과 같다.

배열

1) 자동차 앞면 양측에 각각 한 개의 앞면방향지시등을 설치할 것

(가) 카테고리-1 또는 1a 또는 1b

기준축 방향에서 앞면방향지시등의 발광면과 변환빔 전조등 또는 앞면 안개등의 발광면사이의 거리가 40 mm 이상인 경우

(나) 카테고리-1a 또는 1b

기준축 방향에서 앞면 방향지시등의 발광면과 변환빔 전조등 또는 앞면 안개등의 발광면사이의 거리가 20 mm 이상 40 mm 이하인 경우

(다) 카테고리-1b

기준축 방향에서 앞면 방향지시등의 발광면과 변환빔 전조등 또는 앞면 안개등의 발광면사이의 거리가 20 mm 이하인 경우

2) 자동차 뒷면 양측에 각각 한 개의 뒷면 방향지시등을 설치할 것(카테고리-2a 또는 2b). 다만, 승용자동차와 차량총중량 3.5톤 이하 화물자동차 및 특수자동차를 제외한 자동차에는 두 개의 방향지시등을 추가로 설치할 수 있다.

3) 자동차 옆면 양측에 각각 한 개의 보조방향지시등을 설치할 것(카테고리-5 또는 6)

(가) 카테고리-5 보조방향지시등은 승용자동차와 길이 6 m를 초과하지 않는 차량총중량 3.5톤 이하 화물자동차 및 특수자동차에 설치하여야 한다.

(나) 카테고리-6 보조 방향지시등은 차량총중량 3.5톤 초과 화물자동차 및 특수자동차와 길이 6 m를 초과하는 차량총중량 3.5톤 이하 화물자동차 및 특수자동차에 설치하여야 한다.

(다) 보조 방향지시등 카테고리-5는 카테고리-6으로 대체가 가능하다.

(라) 앞면 방향지시등(카테고리-1 또는 1a 또는 1b)과 보조 방향지시등(카테고리-5 또는 6)의 기능이 결합된 등화인 경우 추가로 설치한 보조 방향지시등(카테고리-5 또는 6)은 (다)에 적합하도록 설치할 것

4) 피견인자동차의 뒷면 양측에 각각 한 개의 뒷면 방향지시등을 설치할 것(카테고리-2a 또는 2b). 다만, 차량총중량 0.75톤 초과 피견인자동차에는 2개의 뒷면 방향지시등(카테고리-2a 또는 2b)을 추가로 설치할 수 있다.

5) 적응형 전조등인 경우 카테고리 적용을 위한 기준거리는 변환빔 작동 시 가장 가까운 위치에서의 조명 유니트와 앞면방향지시등과의 거리일 것

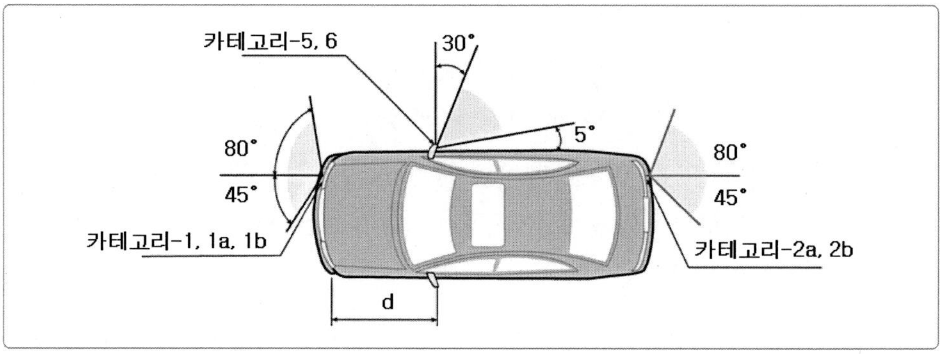

그림 7.21 카테고리별 방향지시등의 관측각 (수평각)

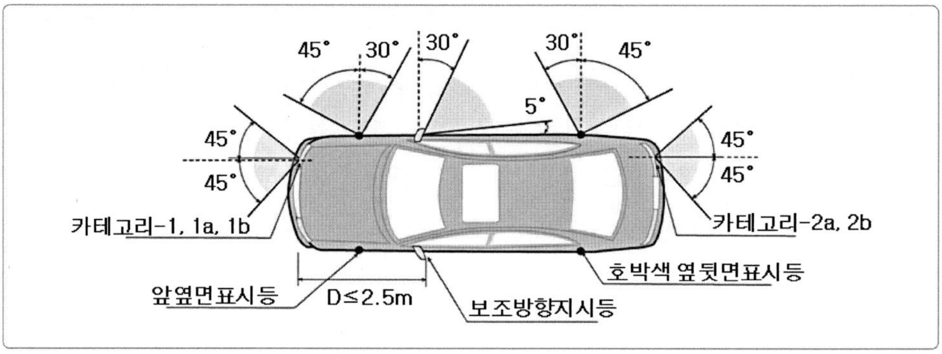

그림 7.22 카테고리별 방향지시등의 관측각(수직각)

| 표 7.27 | 카테고리별 방향지시등의 최대 및 최소광도

구분		최소광도(칸델라)	최대광도(칸델라)	
			단일 등화	D-등화
앞면 방향지시등	카테고리-1	175 이상	1,000 이하	500 이하
	카테고리-1a	250 이상	1,200 이하	600 이하
	카테고리-1b	400 이상	1,200 이하	600 이하
뒷면 방향지시등	카테고리-2a (고정)	50 이상	500 이하	250 이하
	카테고리-2b (가변)	50 이상	1,000 이하	500 이하
보조 방향지시등	카테고리-5	0.6 이상	280 이하	140 이하
	카테고리-6	50 이상	280 이하	140 이하

* D-등화는 동일한 기능을 가진 두 개의 독립된 등화의 조합으로 다음 각 목의 어느 하나의 조건을 만족하도록 설치할 수 있다.

가. 기준축 방향에서 투영면의 전체면적이 투영면들을 밖으로 감싸는 최소 사각형 면적의 60% 이상이어야 한다.

나. 투영된 두 개의 분리된 면간 접선거리가 기준축 방향에서 15 mm 이하이어야 한다.

| 표 7.28 | 앞면 방향지시등의 요구광도(카테고리-1)

측정점 및 측정구역(각도)		광도(칸델라)
H	10L, 10R	61.25 이상
	5L, 5R	157.5 이상
	V	175 이상
5U, 5D	20L, 20R	17.5 이상
	10L, 10R	35 이상
	V	122.5 이상
10U, 10D	5L, 5R	35이상
관측각도 범위내		0.3 이상

카테고리-1a, 1b, 2b의 측정점 및 측정구역 최소광도는 아래 그림 7.23의 비율로 적용한다.

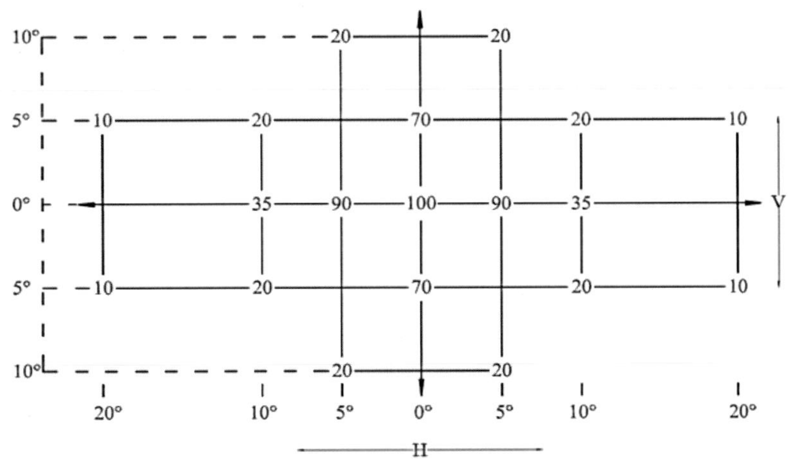

그림 7.23 측정점 및 측정구역의 적용 비율

| 표 7.29 | 뒷면 방향지시등의 요구광도(카테고리-2a)

측정점 및 측정구역(각도)		광도(칸델라)
H	10L, 10R	17.5 이상
	5L, 5R	45 이상
	V	50 이상
5U, 5D	20L, 20R	5 이상
	10L, 10R	10 이상
	V	35 이상
10U, 10D	5L, 5R	10 이상
관측각도 범위내		0.3 이상

| 표 7.30 | 보조 방향지시등의 요구광도(카테고리-5)

측정점 및 측정구역(각도)		광도(칸델라)
15U~15D	30R ~ 85R(우측) 30L ~ 85L(좌측)	0.6 이상

| 표 7.31 | 보조 방향지시등의 요구광도(카테고리-6)

측정점 및 측정구역(각도)		광도(칸델라)
30U	5R, 60R	10 이상
20U	30R	15 이상
15U	20R	15 이상
10U	5R, 10R	20 이상
5U	5R, 10R	30 이상
H	5R	50 이상
	10R	40 이상
	20R	20 이상
5D	5R	30 이상
	10R	30 이상
	20R	20 이상
	30R, 60R	10 이상

7.4.9 그 밖의 등화의 제한(제47조)

등화장치는 안전기준에서 언급되지 않은 등화는 설치하지 못하도록 규제하는 유일한 장치이다. 규정을 살펴보면 "자동차에는 제38조, 제38조의2부터 제38조의5까지, 제39조, 제40조, 제40조의2, 제41조부터 제44조까지, 제44조의2, 제45조, 제45조의2, 제48조, 제49조 및 제58조에 규정되지 아니한 등화나 반사기 등을 설치하여서는 아니 된다."이는 무분별한 등화의 설치로 인한 도로이용자의 혼란을 방지하고 광공해를 예방함 때문이다.

연습 문제

7.4 전조등 변환빔의 25 m에 위치한 스크린상의 측정점 과 도로노면과의 상관성을 설명하라.

7.5 유럽·미국의 등화장치 기준

세계 각국의 등화장치 기준은 매우 복잡하고 그 내용이 많으므로 본 절에서는 유럽 및 미국의 등화장치에 대한 기준내용을 인터넷에서 쉽게 찾을 수 있도록 항목을 정리하였다.

7.5.1 유럽의 등화장치 기준

유럽은 기후조건이나 교통 환경이 유사한 인접국가가 많다. 따라서 유럽의 안전기준은 1958협정에 따라 유럽연합 규정을 제정하여 시행하고 있으며 ⓔ마크의 사전형식승인 제도를 운영하고 있다. 유럽의 기준은 UN/ECE/WP29 포럼 사이트에 수록되어있으며 등화장치별 규정은 표 7.32로 정리하였다[6].

▌표 7.32▐ 등화장치 별 UNECE Regulation-1

Reg. No	Title	
	영 문	국 문
1	Headlamps	전조등
2	Lamps for headlamps	전조등용 전구
3	Reflex reflecting devices	후부 반사기
4	Rear registration plates lamps	번호등
5	Sealed beam headlamps	밀봉식 전조등
6	Direction indicators	방향지시등
7	Position(side), stop & outline lamps	미등, 제동등, 표시등,
8	Halogen headlamps(H1,2,3,7,8,HB3, 4)	할로겐 전조등(H1,2,3~)
19	Front fog lamps	앞면 안개등
20	Halogen headlamps(H4)	할로겐 전조등(H4 형식)
23	Reversing lamps	후퇴등
31	Halogen sealed beam headlamps	할로겐 밀봉식 전조등
37	Incandescent filament lamps	백열 필라멘트 등화
38	Rear fog lamps	뒷면 안개등
45	Headlamp cleaners	전조등 닦개
48	Installation of lights	등화장치 설치
50	Lamps except headlamps(moped, motorcycle)	이륜자동차 등화
53	Installation lights(motorcycle)	이륜차 등화장치 설치기준
56	Headlamps for mopeds	전조등(모페드)
57	Headlamps for motor cycles	전조등(이륜차)

| 표 7.33 | 등화장치 별 UNECE Regulation-2

Reg. No	Title	
	영 문	국 문
65	Special warning lights	경광등
69	Rear marking plates for slow moving vehicles	저속차량 후부 표시판(지)
70	Rear marking plates for heavy and long vehicles	중량 및 긴차량 후부 표시판(지)
72	Halogen headlamps (HS1 for motorcycle)	이륜차 할로겐 전조등(HS1)
74	Installation of lights (mopeds)	등화장치 설치기준(모페드)
76	Moped headlamps (driving and passing beam)	모페드 전조등 (주행 및 변환빔)
77	Parking lamps	주차등
82	Halogen headlamps (HS2 for moped)	할로겐 전조등(HS2,모페드)
86	Installation of lights for agricultural & forestry tractors	등화장치 설치 (농 · 임업용 트랙터)
98	Gas discharge headlamps	가스방전식 전조등
99	Gas-discharge light sources	가스방전식 전조등전구
104	Retro-reflective markings for heavy and long vehicles	대형차 반사띠
112	Headlamps (asymmetrical passing beam)	전조등(비대칭형 변환빔)
113	Headlamps (symmetrical passing beam)	전조등(대칭형 변환빔)
119	Cornering lamps for power-driven vehicles	코너링 램프
123	Semi adaptive front-headlamp system	조명 가변형 전조등
128	LED light sources	LED 광원

7.5.2 미국의 등화장치 기준

많은 주 정부로 구성되어있는 미국은 연방법 하에 제조사의 자기책임으로 제작·판매하는 자기인증제도를 운영하고 있다. 이에 따라 등화장치는 미 연방 자동차안전기준에 적합하게 제조되었다는 DOT 마크를 표시하도록 규정되어있다.

미국의 등화장치 기준은 FMVSS108에 상세 수록되어있으며 본 절에서는 표 7.34와 같이 등화장치 설치기준을 중심으로 정리하였다[7].

▎표 7.34 ▎ 미국의 등화장치 별 설치기준

등화장치 명		개수	색상
Headlamps	Upper	2이상	백색
	Lower	2이상	백색
Parking lamps		2이상	백색/황색
Daytime running lamps		2이상	백색/황색
Front turn signal/Harzard warning signal lamps		2이상	황색
Front clearance lamps		2이상	황색
Front identification lamps		3개	황색
Front side marker lamps		2이상	황색
Front side reflex reflectors		2이상	황색
Rear side marker lamps		2이상	적색
Rear side reflex reflectors		2이상	적색
Rear clearance lamps		2이상	적색
Rear identification lamps		3개	적색
Tail lamps		2이상	적색
Stop lamps		2이상	적색
Rear turn signal/Harzard warning signal lamps		2이상	황색/적색
Rear reflex reflectors		2이상	적색
Back up lamp		1이상	백색
Licence plate lamp		1이상	백색
Center high mounted stop almp		1이상	적색
Intermediate side marker lamps		2이상	황색
Intermediate side reflex reflectors		2이상	황색
Rear upper body marking		2개	백색
Rear marking		2개	적색/백색

한편 미국도 세계의 기준을 선도하기 위하여 국제기술기준(GTR-1998협정)을 주도하고 있다.

7.6 자동차안전기준 국제조화

자동차안전기준은 세계 각 국가별로 아래 그림 7.24와 같이 자국의 교통 환경에 따라 서로 상이한 기준으로 운영하고 있다. 본 절에서는 자동차 기술의 선진국인 미국·유럽·일본의 안전기준에 관한 법적근거를 살펴보고 안전기준 국제화의 중요성에 대하여 요약하였다.

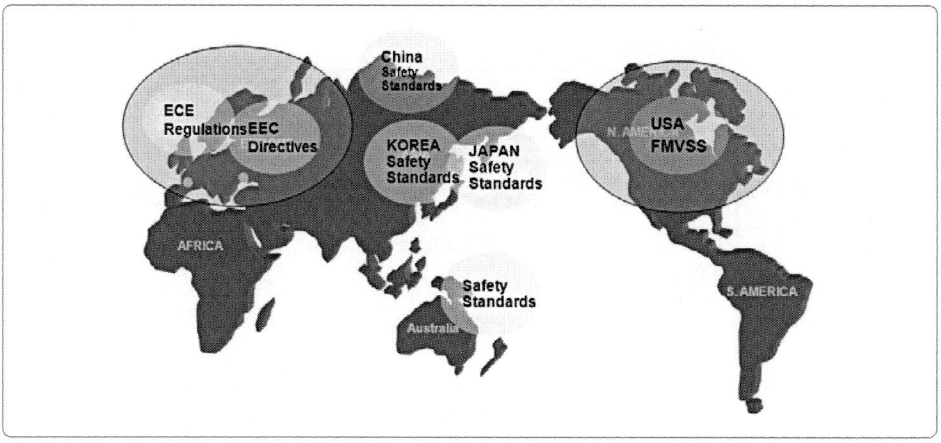

그림 7.24 외국의 자동차 안전기준 명

미국의 안전기준은 미연방교통 및 자동차안전법 (National Traffic and Motor Vehicle Safety Act 1966, Section 103)에 근거하고 있으며, 미연방자동차안전기준 (FMVSS: Code of Federal Motor Vehicle Safety Standards, CFR 49. Chapter Ⅴ. Part 571)에 명시되어 있다. 제도는 7.5.2절에서 언급한 바와 같이 자기인증제도를 운영하고 있다.

유럽의 안전기준은 유럽공동체 로마협약(1957년)에서 회원국가간의 통일된 안전기준(EEC Directives: European Economic Community Directives on Motor Vehicles)을 제정하여 강제적으로 적용하고 있으며 통일된 안전기준에 대하여는 국가 간 상호 사전형식승인으로 인정하고 있다. 한편 각 장치별 상세기준은 1958협약에 따른 ECE Regulation을 협약 국가 간에 서로 인정하여 운영하고 있다.

일본의 안전기준은 도로운송차량법 제41조에 근거하고 있으며, 안전기준의 체계는 첫째, 보안기준(운행자동차 등이 확보하여야 하는 기준) 둘째, 신형자동차 심사기준 (형식지정 또는 신고시 확보해야 하는 기준으로 보안기준 보다 약간 강한 규정) 셋째, 기술기준(기술적인 안전기준과 시험 시설 및 방법에 대한 규정) 넷째, 시험방법(보안기준 및 심사기준을 확인하는 시험방법 규정)으로 되어있으며 구성 및 기준이 우리나라의 안전기준과 유사하다. 또한 일본의 안전기준은 거의 모든 항목이 유럽과 조화되어 있다.

위와 같이 각 국별 자동차안전기준의 운영시스템과 기술기준의 상이점은 안전기준이 국가상호간 교역에서 기술적 무역장벽으로 작용할 수 있다. 우리나라는 현재 양자 및 다자간 협상 증가 등 국내·외 무역환경의 변화에 따라 산업, 문화 등 모든 면에서 적극적인 대응이 필요한 시기이다. 특히 일자리 창출 등 산업에 매우 중요한 자동차분야는 더욱 신경을 써야한다.

현재 세계의 안전기준은 유럽 과 미국의 주도하에 제·개정 된다 하여도 과언이 아니다. 유럽은 1958협정에 따라 그림 7.25와 같이 유엔의 유럽경제위원회 산하 자동차분과실무위원회(UN/ECE/WP29 포럼)에서 분야별로 활발히 논의되고 있다. 한편 미국은 1998 협정에 근거한 세계기술규정(GTR)의 제·개정을 선도하고 있는 등 유럽과 미국의 기술규정기준화에 대한 주도권 다툼이 매우 치열하다.

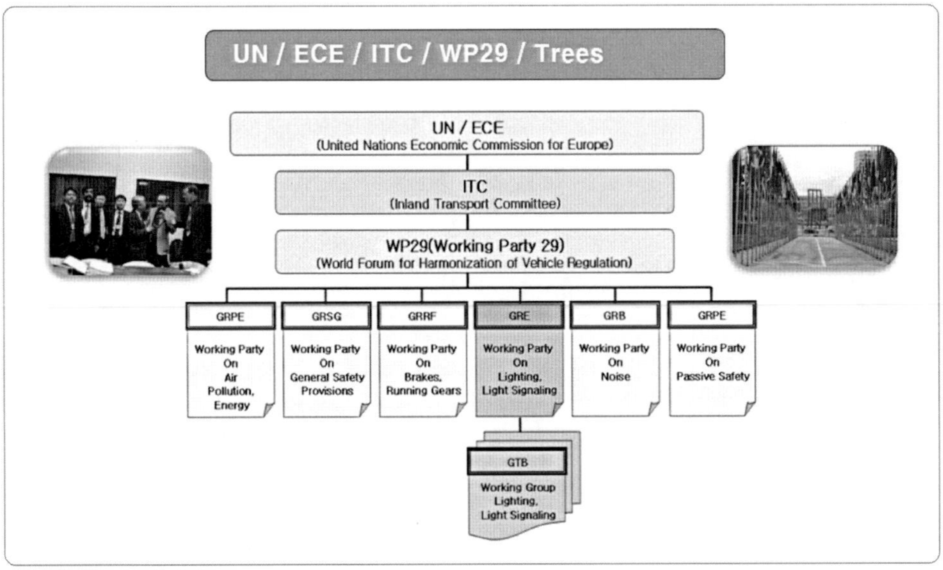

그림 7.25 UN/ECE Regulation 협의체

우리나라도 안전기준 국제화의 중요성에 따라 2000년 1998협정(UNECE) 가입을 시작으로 2004년 1958협정(GTR)에 가입하여 인증 국가기호 E51을 부여받아 각 분야별로 활동 중이다. 자동차 등화장치 분야는 GRE 분과(Working party on lighting & light signaling devices)에 참여하고 있다[8].

특히 자동차 등화장치 분야는 기술 혁신이 많이 진행되고 있다. 즉 일반적인 할로겐 전조등 기술에서 도로환경에 따라 조명이 변하는 적응형전조등 기술 과 레이저 전조등 기술에 이르기까지 많은 기술들이 개발되고 있다. 이러한 신기술들이 사용되기 위해서는 기술개발과 동시에 국제적으로 안전기준의 제·개정이 필수적이다. 이에 따라 우리나라도 유럽과 미국 등 자동차 선진국과 함께 기술개발을 통한 안전기준의 선진화를 위한 선행연구의 필요성이 증가되고 있다.

위에서 살펴본바와 같이 자동차안전기준은 각 나라의 교통 환경과 개발된 기술에 따라 운영되고 있다. 따라서 안전성과 편의성이 증진된 기술들이 국가마다 다른 기준으로 검증될 수 있어 자동차안전기준이 자칫 국가 간 기술 장벽이 될 수 있기 때문에 자동차안전기준의 국제조화는 매우 중요한 과제이다.

연습 문제

7.5 등화장치의 국제조화의 중요성에 대하여 논하라.

참고 문헌

[1] 자동차관리법 제1조 (목적)

[2] 자동차관리법 제29조 (자동차의 구조 및 장치 등) 1항 및 제84조(과태료) 13호

[3] 자동차관리법 제30조 (자동차의 자기인증 등) 1항 및 제74조(과징금의 부과) 2항

[4] 국가법령정보센터: www.law.go.kr (연혁법령)

[5] 자동차 및 자동차 부품의 성능과 기준에 관한 규칙

[6] http://www.unece.org/trans/main/wp29/meeting_docs_gre.html

[7] u.s. Government publishing office: http://www.ecfr.gov/cgi-bin/text-idx?SID

[8] 2015년 자동차 및 자동차 부품의 성능과 기준 중 국제화연구보고서 제1장 P7

08 자동차 등화장치 성능 평가 방법

자동차 등화장치의 요구 성능에 대해서는 국내외 자동차 조명 법규에 의하여 정의되어 있다. 하지만, 이러한 등화장치의 요구 조건을 만족하더라도 최근의 자동차 전조등과 같은 조명등에는 다양한 기능들이 제공되며, 또한 도달 거리와 같은 성능에 있어서도 차이가 크다. 따라서 자동차 조명의 성능을 효과적으로 평가하는 방법이 필요하며, 이를 바탕으로 자동차 조명의 성능을 비교 평가하는 것이 가능하고, 이를 안전도 평가등에 반영할 수 있다. 본 장에서는 자동차 조명의 전조등 성능 평가 방법들을 검토하고, CIE에서 제시하는 전조등 성능 평가 방법을 살펴본다.

8.1 램프 성능 평가 동향

국내에서는 자동차안전연구원에서 소비자에게 자동차 안전도 관련 정보를 제공하고 제작자에게 보다 안전한 자동차 제작을 유도하기 위하여 승용자동차, 4.5톤 이하 승합자동차, 1톤 이하 화물자동차에 대해 한국 자동차안전도평가(Korea New Car Assessment Program, KNCAP)를 실시하고 있다[1]. KNCAP에서는 충돌안전성, 보행자안전성, 주행안전성, 사고예방안전성에 대한 평가결과를 바탕으로 차량의 안전도에 대한 종합등급을 매긴다[2].

현재 국내외 자동차안전도평가에서 야간 등화장치의 성능 및 안전도를 평가하는 경우는 없으나, 미국의 US NCAP의 경우에는 NHTSA에서 발표한 바와 같이, 2018년부터 업데이트 되는 평가 프로그램에서는 하향등의 시인성과 눈부심을 측정한 결과를 차량의 안전도 레벨을 판별하는 데에 활용할 예정이다[3].

자동차안전도평가 항목으로서의 야간등화장치 평가는 현재까지 거의 이루어지지 않았지만, Consumer Reports, 미국 고속도로 안전보험협회(Insurance Institute for Highway Safety, IIHS) 등에서는 별도의 전조등 평가프로그램을 만들어 활용하고 있다[4-7].

유럽의 경우 미국과 비교할 때 전조등 평가시스템을 만드는 것에 대한 관심이 그리 높지 않은 편이지만, CIE TC4-45에서 전조등 성능평가시스템(CIE 188:2010, Performance Assessment Method for Vehicle Headlighting Systems)을 만들어 ECE 국가에서 활용하고 있다[8]. 또한, Euro NCAP에서는 전조등과 차량의 안전도 사이의 관계를 파악하기 위한 자료를 수집 중에 있다. 2018년부터 적용되는 업데이트된 Euro NCAP에는 직접적으로 전조등을 평가하는 항목이 포함되어 있지는 않으나, 야간 보행자 충돌 방지에 대한 항목을 추가함으로써 야간 시인성 향상을 위한 전조등의 성능 평가를 간접적으로 해나갈 것으로 예상된다[8-10].

CIE TC4-45, CR, IIHS, US NCAP의 야간 등화장치 평가 방법을 시인성, 눈부심, 조준, 도로, 평가방법 등에 따라 비교하면 다음과 같다.

| 표 8.1 | 야간 등화장치 평가 프로토콜 비교

항목	CIE TC4-45	CR	IIHS	US NCAP
시인성	L/B, H/B	L/B, H/B	L/B, H/B	L/B
눈부심	L/B	L/B, H/B	L/B	L/B
조준	Nominal	Nominal	Received position	Nominal
도로	직선로, 곡선로(R500 m), 보도측	직선로	직선로, 곡선로(R150 m, R250 m)	직선로
평가방법	정차/(주행)	정차/(주행)	주행	정차
비고	전체 평가결과는 도출되지 않음	경험적 판단	자동상향등 지원시스템 여부	반자동상향등 지원시스템 및 앰버색후미등 가점 부여

시인성 부분에 있어서는 TC4-45, CR, IIHS의 경우 하향등, 상향등 양측 모두를 평가하는 반면, US NCAP에서는 하향등의 시인성만을 평가한다. 눈부심은 모든 평가방법에서 기본적으로 하향등으로 측정한다. CIE TC4-45의 경우 정차된 차량을 대상으로 하향등 눈부심을 측정하고 필요시에는 주행 중의 하향등 눈부심을 측정한다. IIHS의 경우 주어진 도로에서의 하향등에 의한 눈부심을 평가한다. 5-10 m 거리에서의 최대 눈부심은 10 lux를 넘지 않아야 한다. 10-250 m 거리 내에서는 누적 노출거리 제한을 넘지 않아야 한다. 5 m 미만의 거리에 대해서는 빛의 입사각과 관련된 센서의 부정확성으로 인하여 평가에 넣지 않는다. US NCAP에서는 하향등에 대한 시인성과 눈부심만을 평가한다.

8.2 CIE TC4-45에 의한 전조등 성능 평가 방법

CIE TC4-45 측정방법은 차량에 장착되어진 전조등의 성능을 배광분포로부터 평가하는 방법이다[8]. 정차된 차량을 대상으로 평가하며, 특정 조건에서의 전조등의 광도를 측정한다. 하향등에 대해서 아홉 개의 항목, 상향등에 대해 일곱 개의 항목을 평가한다. 평가를 위해 정확한 조준(aiming)이 필요하며, 평가는 측정데이터를 기초로 하며, 종합적인 등급이 도출하지는 않는다.

❙ 표 8.2 ❙ 하향등 평가 항목

구역	목적	평가
A	직진로, 차선 범위	차량의 수직축으로부터 0, 1.5, 3 m 떨어진 지점에서의 수직조도 1, 3, 5 lux lines
B	커브로, 차선 범위	A구역과 같음. 커브로는 5° 기울어짐
C	보행자 감지를 위한 도로가	차량의 수직축으로부터 3, 4.5, 6 m 떨어진 지점에서의 지면 0.25 m 높이에서의 수직조도 1, 3, 5 lux lines
D	차선너비와 곡선로에서의 시인성	차량의 전방 30, 40, 50 m에서의 수직조도 3 lux line의 너비
E	교차로에서의 보행자 감지를 위한 너비	차량 전방 10, 20 m 떨어진 곳에서의 지면 0.25 m 높이에서의 3 lux line의 너비
눈부심	대향차 눈부심	눈부심 구역에서 가중치가 포함되어 계산되어진 광속의 합
광속	광량	수직방향으로 -15°~5°, 수평방향으로 -45°~45° 내에서의 전속

변환빔 평가 방법

1. 변환빔의 성능은 직선도로(구역 A), 곡선로 (구역 B, C), 글레어 구역 (구역 D)에서 모두 실시한다. 구역 A, B, C, D는 시험구역 그림을 참고한다.

(가) 직선도로(구역 A)에서의 시인성을 평가한다.

1) 차량의 중앙에서 0˚ 경사각을 가진 수직축을 그어, 그 직선으로부터 0, 1.5, 3 m 떨어진 곳의 수평 라인이 하향등의 1, 3 5 lux 라인과 만나는 지점의 위치를 측정한다. 이를 위하여, 설정된 평가라인을 따라서 50 cm 간격으로 차량 시점을 기준으로 25 cm 높이에서 조도를 측정한다. 측정된 조도에 대하여 선형 interpolation을 통하여 1, 3, 5 lux가 되는 지점을 찾고 이를 기준 거리로 한다.

2) 세 개의 수평라인에 현가된 평균 기준 거리를 계산한다.

(나) 곡선로(구역 B)에서의 시인성을 평가한다.

1) 차량의 중앙에서 5° 하향 경사각을 가진 직선을 그어, 그 직선으로부터 0, 1.5, 3 m 떨어진 곳의 수평 라인이 하향등의 1, 3, 5 lux 라인과 만나는 지점의 위치를 측정한다. 이를 위하여, 설정된 평가라인을 따라서 50 cm 간격으로 차량 시점을 기준으로 25 cm 높이에서 조도를 측정한다. 측정된 조도에 대하여 선형 interpolation

을 통하여 1,3,5 lux가 되는 지점을 찾고 이를 기준 거리로 한다.

2) 세 개의 수평라인에 현가된 평균 범위를 계산한다. 조향각에 따라 램프의 배광이 달라지는 경우에는 조향각을 5°로 조정한 후에 측정한다.
(500 m 곡선 반경을 기준으로 산정된 경사각도임)

구분	일련 구역	형태
직선도로	구역 A	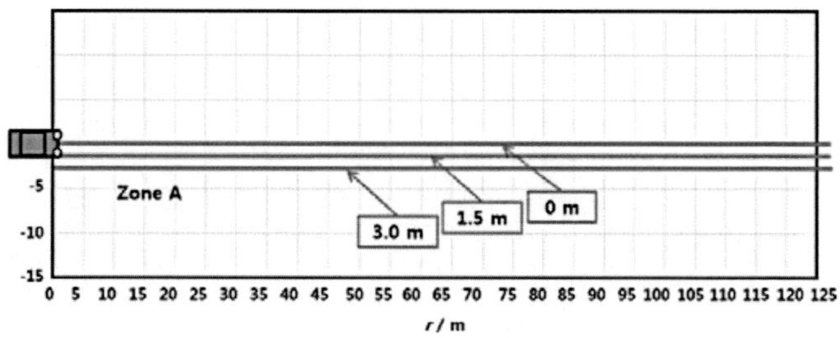
곡선로	구역 B	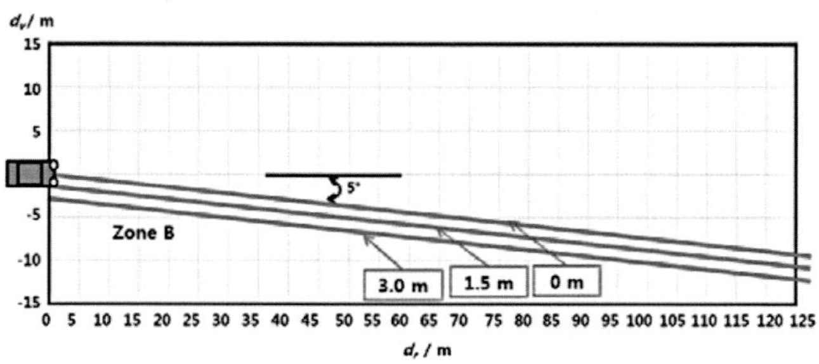
	구역 C	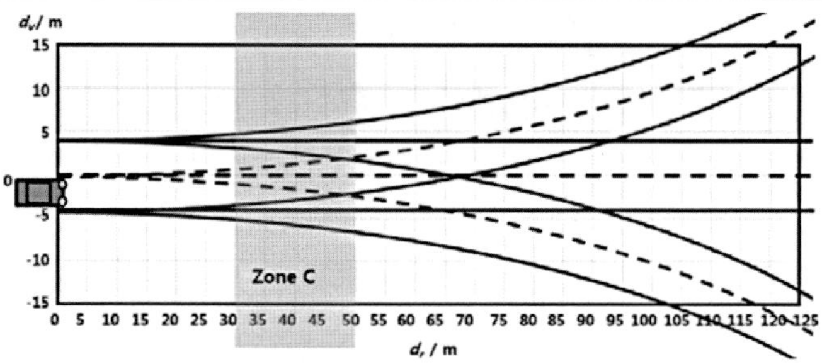

그림 8.1 변환빔 시험 구역(A,B,C)

(다) 곡선로(구역 C)에서의 보행자 시인성을 평가한다.

1) 차량의 중앙에서 30 m, 50 m 거리에서 1, 3, 5 lux라인의 지점의 위치를 측정한다. 이를 위하여, 설정된 평가라인을 따라서 50 cm 간격으로 차량 시점을 기준으로 25 cm 높이에서 조도를 측정한다. 측정된 조도에 대하여 선형 interpolation을

통하여 1, 3, 5 lux가 되는 지점을 찾고 이를 기준 거리로 한다.

2) 30 m 및 50 m 지점에서의 기준거리의 평균 폭의 범위를 계산한다.

눈부심 평가 방법

(가) 눈부심 평가는 글레어 구역에 대하여 평가한다.

1) 시험 차량에 대하여 50 m 거리에서 조도계를 통하여 노면에 수직으로 된 지정된 지점에 대하여 측정한 값을 사용한다.

2) 차량 전방 50 m 떨어진 곳의 글레어 평가존을 그리드로 나누어 광속을 계산하여 각 구간별 가중치를 곱한 값을 모두 더한다. 가중치는 눈부심 영역에 대한 가중치 표를 참고한다.

글레어 구역	구역 D	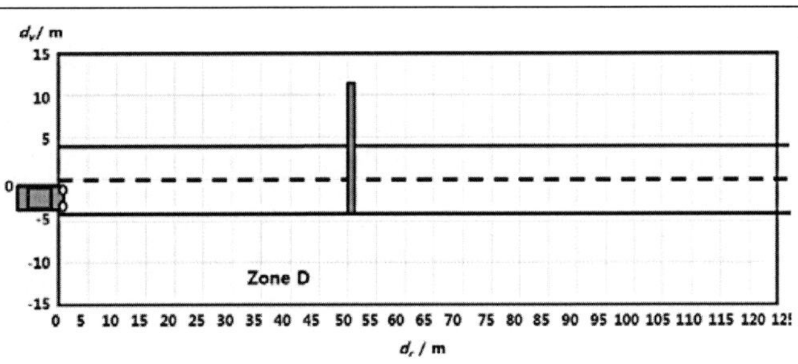

그림 8.2 눈부심 시험 구간

【표 8.3】 눈부심 영역에 대한 가중치

	−7.9 m [b]							+1.3 m [b]
+0.87 m [a]	0.2	0.2	0.2	0.2	0.2	0.2	0.2	0.2
	0.2	0.2	0.5	0.5	0.5	0.5	0.5	0.2
	0.2	0.2	0.5	1	1	1	0.5	0.2
	0.2	0.2	0.5	1	1	1	0.5	0.2
+0.18 m [a]	0.2	0.2	0.5	0.5	0.5	0.5	0.5	0.2

a 지표면에서 0.75 m 떨어진 지점 기준

b 차량의 종축 기준

8.3 Consumer Report에 의한 전조등 성능 평가 방법

Consumer Reports(CR)의 전조등 평가는 미국에서 이루어지고 있다. CR에서는 정차상태에서의 전조등 성능 테스트를 수행하며, 주행상태에서의 테스트는 부수적으로 수행한다[7]. 조준은 OEM의 요구에 따라 테스트 전에 트랙 위에서 실시한다. 정차상태의 빔 평가는 포스트에 조사되는 빔을 측정하며, 주행상태의 빔 평가는 곡선로에서 수행한다.

그림 8.3 정차시 평가를 위한 CR 테스트 그라운드

하향등과 상향등 테스트 방법은 다음과 같다.

장거리(far field) 조도와 범위에 대한 성능 :

- 운전자 측 레인에서는 91 m~ 21 m 떨어진 거리에 세 개의 포스트를 배치한다.
- 좌측편 레인에서는 46 m~76 m 떨어진 곳에 세 개의 포스트를 배치한다.

높은 포스트(higher posts) :

- 30 m 떨어진 지점에서는 빔 패턴의 수평 너비를 체크한다.

상향등 성능 :

- 좌측편 레인에서 162 m 떨어진 거리로부터 우측편 레인에서 274 m 떨어진 거리 사이에 다섯 개의 포스트를 배치한다.

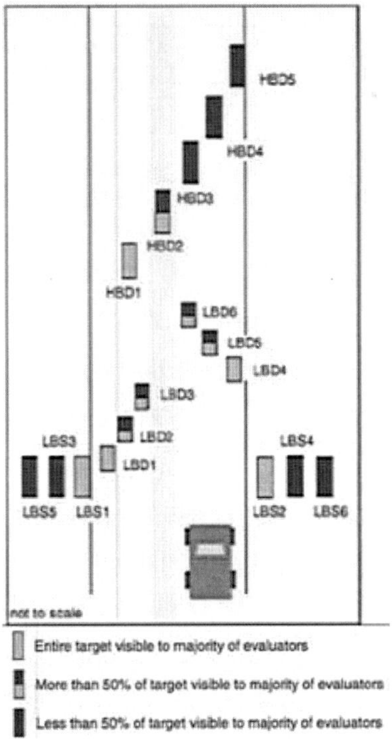

CR 포스트 위치와 빔 도달상태

- 평가는 '완전하게 보임(fully visible)', '반만 보임(half visible)', '보이지 않음(not visible)'로 한다.
- 하향등에 대해 매우 좋은 평가를 받기 위해서는 중앙의 여섯 개의 포스트에 빛이 완전하게 조사되어야 한다.
- 각 포스트에서의 광량 측정은 실시하지 않는다.
- 정차 시 테스트의 결과는 주행 시 테스트 결과와 빔 도달거리, 조도, 조사 너비, 빔 패턴의 균일함 등에 의해 보강된다.
- 전체 평가는 경험적으로 이루어지며, 운전 시 인지되는 편안함을 근거로 한다. 대향차 또는 전방 차량에 눈부심을 주거나 또는 빔패턴의 균일성이 떨어질 경우 감점 될 수 있다.

8.4 US NCAP에 의한 램프 성능 평가 방법

US NCAP에서는 2019년형 모델의 차량에 대해 개선된 프로토콜을 이용하여 자동차 안전성 평가를 시행하고자 한다[3]. 업데이트 되는 항목 가운데, 충돌방지기술(Crash Avoidance Technologies) 평가부분에 긴급제동(Emergency braking), 시인성 시스템(Visibility Systems), 운전자 의식과 기타 기술(Driver awareness and other technologies), 미래 기술(Future technologies)이 포함되어 있으며, 이 가운데, 야간 등화장치 평가와 관련된 사항은 시인성 시스템에 해당된다. 시인성 시스템에서 평가하는 세부 항목으로는 하향 전조등 성능(Lower beam headlighting performance), 반자동 전조등 빔 스위칭(Semi-Automatic headlight beam switching), 앰버 후미 방향지시등(Amber rear turn signal lamps)이 있다.

하향등 전조등 성능(Lower beam headlighting performance)에 대해서는 하향등의 시인성 및 눈부심을 측정함으로써 평가한다.

시인성 항목 :

다섯 개의 포스트를 이용한 조도 측정이 이루어진다. 포스트는 차량의 센터라인에서 75, 85, 95, 105, 115 m 떨어진 지점에서 측정한다. 최소 조도 기준은 3 lux 이상이다.

눈부심 항목 :

한 개의 포스트를 이용하여 조도를 측정한다. 차량의 좌측 4 m, 전방 60 m 떨어진 지점에서 측정한다. 최대 조도 기준은 0.634 lux 미만이다.

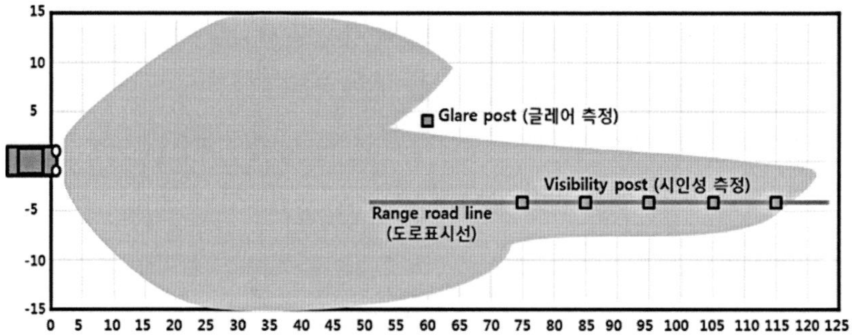

US NCAP 하향등 시인성 및 눈부심 측정 포스트 위치

- 조준 : 제조사의 추천에 따라 평가 전에 조정하도록 한다.
- 측정 시 환경 조건은 다음과 같다.
  - 온도 범위: 7 ~ 40°C
  - 풍속 : 22 mph (35 km/h) 미만
  - 날씨 : 악천후(비, 눈, 우박, 안개, 연기, 재 등)에서 평가해서는 안 됨
  - 배경조도 : 0.200 lux 미만
- 사전테스트 항목은 다음과 같다.
  - 하향등이 할로겐 대체 가능 광원(halogen replaceable light sources)이라면, seasoned bulbs로 교체함
  - 차량 전방 7.6 m에 헤드램프 조준 스크린을 배치하고, 스크린 높이를 헤드램프 마운팅 높이에 맞춰 조정, illuminated screen을 촬영
  - 헤드램프를 owner's manual에 따라 조준
  - 헤드램프를 조준한 후에 illuminated screen을 촬영
- 평가과정
  - 사전테스트를 위해 셋업된 광측정장치에 맞춰 테스트용 차량을 테스트 패드(pad)에 올려 둔다.
  - 각 측정장치로부터 배경조도 조건을 확인하여 기록한다.
  - 점화장치를 활성화시킨다.
  - 헤드램프를 하향등에 맞춰 켠다.
  - 측정장치로부터 얻어진 데이터를 기록한다.
- 레벨 평가방법 [11]
  - Level = $[5 \times N_v] - [10 \times N_g]$
  - N_v: 시인성 조도가 3.0 lux 이상으로 측정된 포스트의 개수
  - N_v : 시인성 조도가 3.0 lux 미만으로 측정된 포스트의 개수
  - N_g : 눈부심 포스트에서 측정된 조도가 0.634 lux 미만일 때에는

$$N_g = 0$$

- N_g : 눈부심 포스트에서 측정된 조도가 0.634 lux 이상일 때에는

$$N_g = 1$$

- 레벨 평가의 예 1

Detector	Illuminance Detector Measurment (lux)	Ambient Illumination (lux)	Detector Net Measurement (lux)	N_v	N_g
V75	8.051	0.063	7.988	+1	
V85	6.445	0.063	6.382	+1	
V95	4.355	0.063	4.292	+1	
V105	2.870	0.063	2.807	0	
V115	1.897	0.063	1.834	0	
g60	0.533	0.063	0.470		0
ΣNv				3	

- 시인성 측정을 위한 V75, V85, V95 센서에서 측정된 조도 데이터는 3.0 lux 이상이나, V105, V115 센서에서 측정된 조도 데이터는 3.0 lux 미만이므로, $N_v = 3$이다. g60에서 측정된 조도는 0.533 lux로 0.634 lux 미만이므로 $N_g = 0$이다. 따라서 계산식에 따르면, Level = $[5 \times N_v] - [10 \times N_g] = [5 \times 3] - [10 \times 0] = 15$이다.

- 레벨 평가의 예 2

Detector	Illuminance Detector Measurment (lux)	Ambient Illumination (lux)	Detector Net Measurement (lux)	N_v	N_g
V75	8.051	0.063	7.988	+1	
V85	6.445	0.063	6.382	+1	
V95	4.355	0.063	4.292	+1	
V105	3.870	0.063	2.807	0	
V115	2.897	0.063	1.834		
g60	0.750	0.063	0.470		1
ΣNv				4	

- 시인성 측정을 위한 V75, V85, V95, V105 센서에서 측정된 조도 데이터는 3.0 lux 이상이지만 V115 센서에서 측정된 조도 데이터는 3.0 lux 미만이므로, $N_v = 4$이다. g60에서 측정된 조도는 0.750 lux로 0.634 ux 이상이므로 $N_g = 1$이다. 따라서 계산식에 따르면, Level = $[5 \times N_v] - [10 \times N_g] = [5 \times 4] - [10 \times 1] = 10$이다.

· 평가 시, 각 지점에서의 시인성 결과가 가지는 가중치보다 눈부심에 대한 가중치가 더욱 큰 점을 고려하여야 한다.

반자동 전조등 빔 스위칭(Semi-Automatic headlight beam switching)

- 배경 : 상향등은 실제 도로에서의 필요상황에서 25% 가량밖에 사용되지 않고 있다. FMVSS No. 108에서는 각 차량은 하향등과 상향등 헤드램프의 스위칭이 가능해야 한다. 야간 교통사고와 보행자 보호를 위해 반자동 전조등 빔 스위칭 기술을 도입하고자 한다.
- 관련 측정사항 :
  · 정상상태 측정 : 수동 오버라이드 성능, 자동 디밍 인디케이터, 설치 높이
  · 동적상태 측정 : 대향차와 앞 차량에 대한 장치의 응답성

앰버 후미 방향지시등(Amber rear turn signal lamps)

- 배경 : FMVSS No. 108: 각 차량은 후면에 두 개의 턴 시그널(turn signal)을 가진다. 제조사에서는 호박색(노란색) 또는 빨간색 후미등을 선택할 수 있다. NHTSA의 연구결과에 따르면 호박색 턴 시그널 후미등이 빨간색 턴 시그널 후미등보다도 효율적이다.
- 평가 : 앰버 후미 방향지시등에 대한 테스트 과정은 FMVSS No. 108에 포함되어 있으나, 본 프로토콜에서는 앰버 색상이 적정 범위 내에 있는지 여부만 결정하기 위하여 삼자극치 방법(Tristimulus method-FMVSS No. 108 S14.4.1.4)만을 활용한다. 기준에 적정한 앰버 후미 방향지시등을 갖춘 차량의 경우충돌방지 평가에서 상점(credit)을 줄 예정이다.

8.5 IIHS에 의한 전조등 성능 평가 방법

IIHS의 전조등평가방법은 시스템적인 접근법으로써, 충돌 특히 보행자와의 충돌을 피하기 위해 서로 다른 주행조건에서의 전조등의 시인성 거리를 평가하는 것을 기본 아이디어로 삼는다[5] [12-15]. 특별한 테스트 트랙에서 평가가 수행되며, 주행 시의 성능을 평가한다. 미국고속도로안전보험협회(IIHS)에 보고된 미국 교통사고에 대한 조사를 바탕으로 만들어졌으며, 평가 방법과 평가 결과가 www.IIHS.org에 공개되어 있다.

그림 8.4 IIHS 센서 트리

그림 8.5 IIHS 전조등 테스트 현장

테스트 프로토콜

- 조준 : 차량을 받은 상태 그대로 평가를 한다. SAE(J599), VOR, VOL에 의한 재조정은 실시하지 않는다.
- 다섯 개의 서로 다른 시나리오에서의 하향등과 상향등의 시인성 거리에 대한 측정은 다음과 같이 수행한다.
  - 도로 종류: 직선로, 반경 150 m의 커브길(좌측 커브, 우측 커브), 반경 250 m의 커브길(좌측 커브, 우측커브)

· 감지센서 : 지상에서 0.25 m 떨어진 높이에서, 하향등과 상향등에 대해 각각 5 lux 인 지점

- 대향차의 운전자의 눈높이에서의 눈부심을 측정한다.

- 감점시스템을 적용한다.

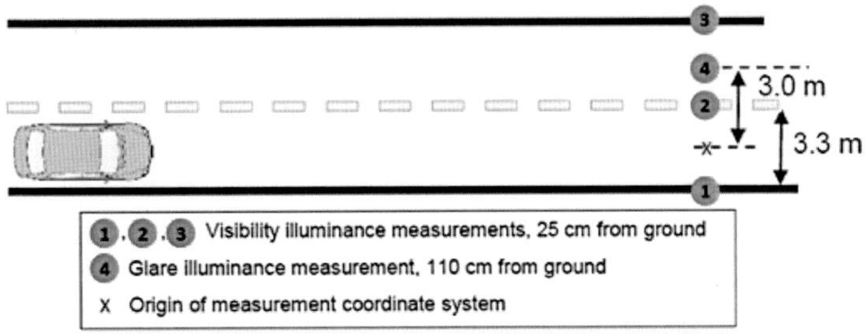

어프로치	길이	시험 속력	시인성 측정 위치
150 m 반경의 우측 커브	120 m	65 km/h*	1, 2번
150 m 반경의 좌측 커브	120 m	65 km/h*	1, 2번
250 m 반경의 우측 커브	120 m	80 km/h*	1, 2번
250 m 반경의 좌측 커브	120 m	80 km/h*	1, 2번
직선	250 m	정속	1, 3번

시인성 및 눈부심 측정 지점

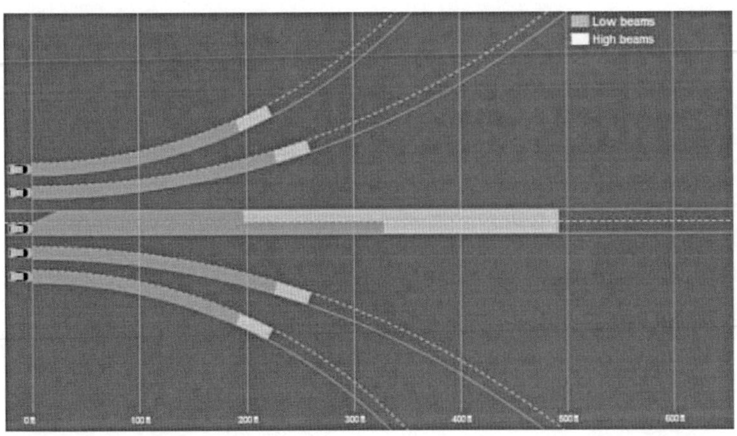

그림 8.6 IIHS 테스트 컨디션 - 직선로, 곡선로

측정 데이터의 예시

- 시인성 조도 측정 데이터

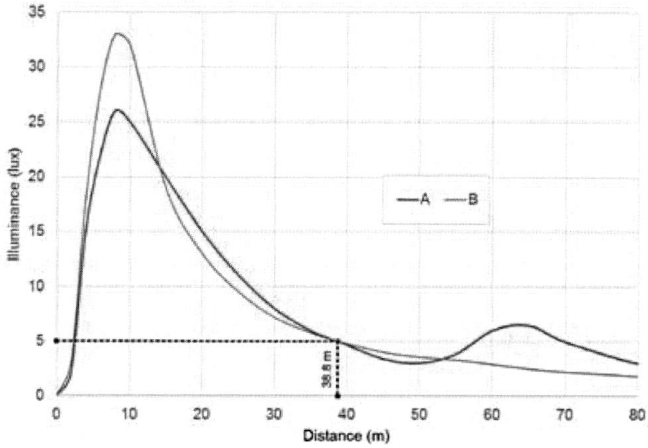

시인성 조도 측정 데이터의 예시

• 그림에 나타난 A, B 두 곡선은 38.8 m에서 5 lux 거리를 가진다. A는 38.8 m 보다 더 먼 거리에서 5 lux 거리에 이미 이르렀지만, 차량의 빔 조도는 그 측정 지점으로부터 10 m 떨어져 있는 동안 다시 5 lux 이하로 떨어진다.

- 눈부심 측정 데이터

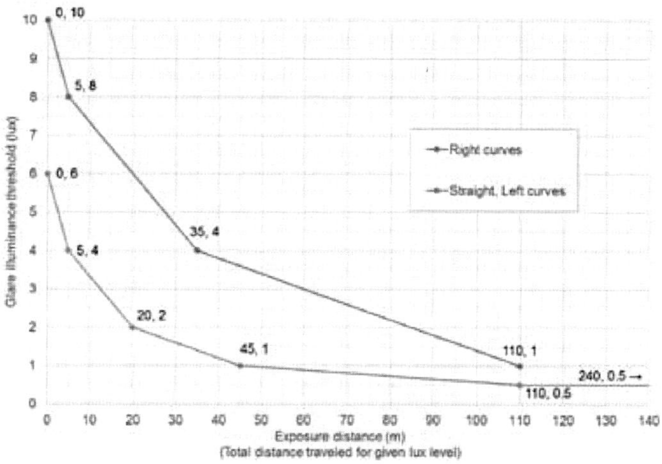

10 m 이상의 거리에서의 눈부심 노출거리 제한

- 눈부심 조도는 주어진 도로에서의 하향등의 배광특성에 의해 구해진다.
- 눈부심에 대한 두 가지 기준 : 5~10 m 거리에서 최대 눈부심은 10 lux를 넘지 않아야 한다. 10~250 m 거리 내에서 누적노출거리 제한을 넘지 않아야 한다. 5 m 이하의 거리에 대해서는 더 큰 빛의 입사각과 관련된 센서의 부정확성으로 인해 무시된다.

- 전체평가
  - 벌점 시스템을 사용하여 평가 결과를 조합한다.
  - 5 lux 시인성 거리는 세 번의 테스트를 거친 후 그 평균치를 이용한다.

벌점 점수

시인성 측정		벌점 받지 않기 위한 최소 5 lux 거리	Critical value	벌점 계산 (d=5 lux 거리)
L/B	직선 우측 엣지	100 m	70 m = 9점	30-0.3*d
	직선 좌측 엣지	60 m	40 m = 9점	27-0.45*d
	250 m 반경 우측 커브, 우측 또는 좌측 엣지(min)	70 m	50 m = 3점	10.5-0.15*d
	250 m 반경 좌측 커브, 우측 또는 좌측 엣지(min)	70 m	50 m = 3점	10.5-0.15*d
	150 m 반경 우측 커브, 우측 또는 좌측 엣지(min)	60 m	40 m = 3점	9-0.15*d
	150 m 반경 좌측 커브, 우측 또는 좌측 엣지(min)	60 m	40 m = 3점	9-0.15*d
H/B	직선 우측 엣지	150 m	120 m = 3점	15-0.1*d
	직선 좌측 엣지	150 m	120 m = 3점	15-0.1*d
	250 m 반경 우측 커브, 우측 또는 좌측 엣지(min)	80 m	60 m = 1점	4-0.05*d
	250 m 반경 좌측 커브, 우측 또는 좌측 엣지(min)	80 m	60 m = 1점	4-0.05*d
	150 m 반경 우측 커브, 우측 또는 좌측 엣지(min)	70 m	50 m = 1점	3.5-0.05*d
	150 m 반경 좌측 커브, 우측 또는 좌측 엣지(min)	70 m	50 m = 1점	3.5-0.05*d

• 자동상향등 지원 시스템을 가진 차량은 다음의 특정 조건에서 벌점이 감해질 수 있다. 하향등은 주어진 테스트의 눈부심 조도 한계치를 넘지 않는다. 상향등의 5 lux 시인성 거리는 하향등의 5 lux 시인성 거리를 넘는다.

- 평가 점수

IIHS 점수평가표

헤드램프 평가	벌점
Good	0-10*
Acceptable	11-20*
Marginal	21-30
Poor	>30

* 한 개 이상의 눈부심 경계 조건을 만족하지 못한다면 marginal 평가를 받게 됨

- 벌점 부여 흐름도

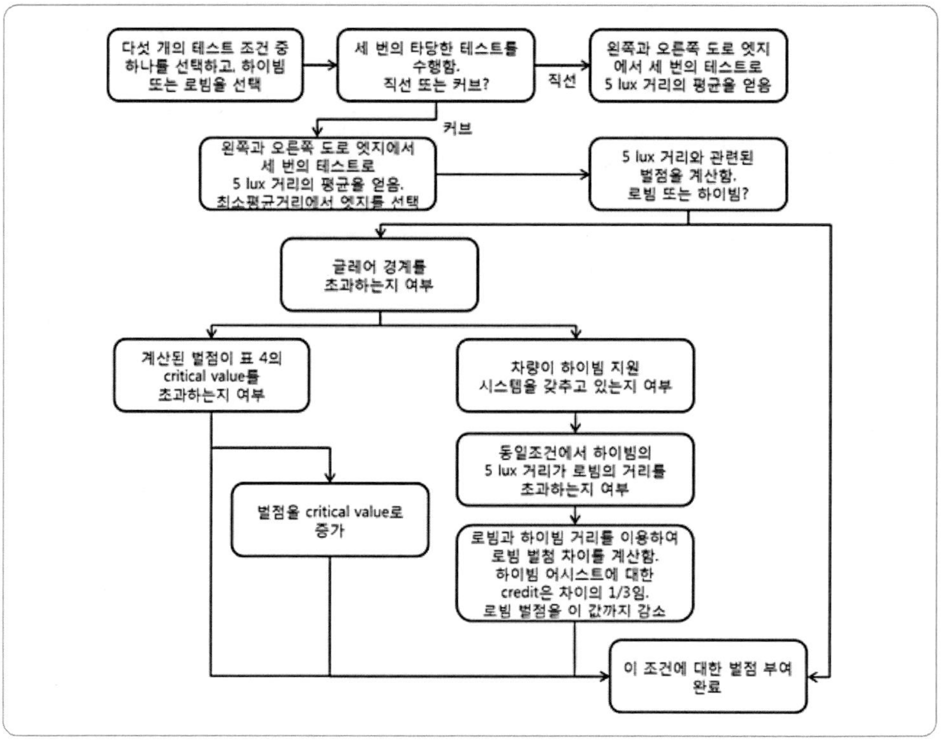

그림 8.7 벌점 부여 흐름도

- 평가결과 예시[14]

  · 2016 Toyota Prius V

	2016 Toyota Prius v
Trim	Five
Package	Advanced Technology
Headlight type	LED projector
Automatic switch for L/B and H/B	Yes
5 lux distance	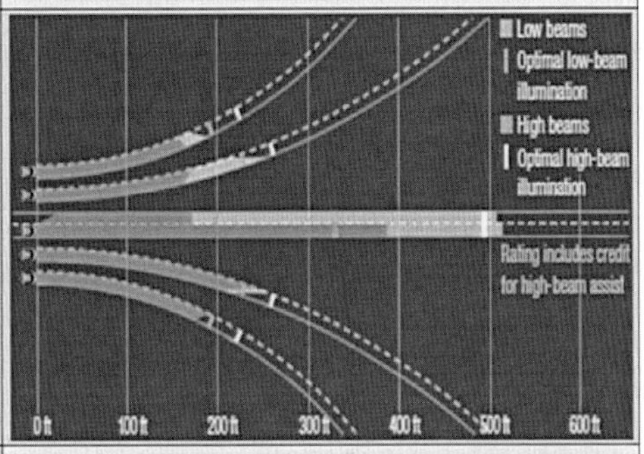
Overall rating	Good
Note	Credit for high-beam assist

  · 2016 BMW 3 series

	2016 BMW 3 series
Trim	320, 328, 330
Package	None
Headlight type	Halogen reflector
Automatic switch for L/B and H/B	No
5 lux distance	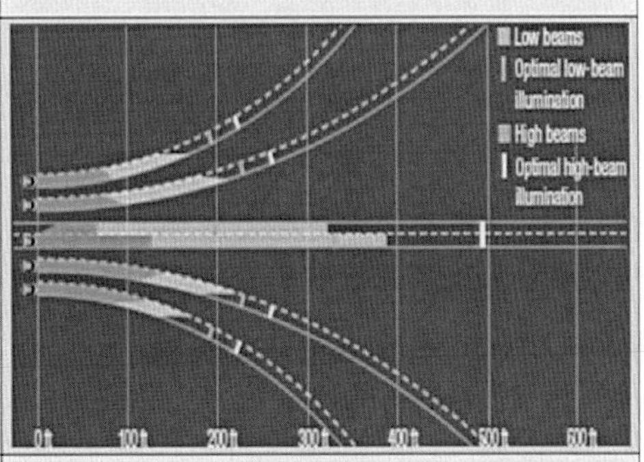
Overall rating	Poor
Note	Poor L/B visibility

참고 문헌

[1] 강병도, (2016) "자동차 안전도 평가를 위한 램프 성능 평가 동향", 한국자동차공학회, 제1회 자동차 조명 기술동향 및 융합기술 워크샵.

[2] 자동차안전도평가 홈페이지(http://www.kncap.org/).

[3] DOE, (2015) "New Car Assessment Program; Notice", Federal Register, Vol. 80, 78522-78591.

[4] 박기범 외, (2016) "IIHS 점수 향상을 위한 연구 – 원거리 시인성 증대, 컷오프 형상 및 선명도 최적화", 제7회 램프기술세미나, 19-25.

[5] M. Scholl, (2016) "Different Headlamp Beam Rating Tests – An Attempt to reflect Car Driver's Needs?", Vision2016, 1-9.

[6] IIHS–Headlihgt evaluation (http://www.iihs.org/iihs/ratings/ ratings-info/headlight-evaluation)

[7] Consumer Reports – Car Headlight Performance(http://www.con sumerreports.org /car-safety/car-headlight-performance-found-to-be-not-so-bright/)

[8] T. Adachi et al., (2010) Performance Assessment Method for Vehicle Headlighting Systems, CIE 188:2010.

[9] Euro NCAP, "Euro NCAP-The roadmap to 2020", PACTS, pp.1-15, (http://etsc.eu/wp-content/uploads/MichielvanRatingen.pdf)

[10] Euro NCAP, "Euro NCAP's Road Map 2020–The next steps for vulnerable road user AEB assessment" (http://www.aspecss-project. eu/userdata/file/Workshop%2003%20AsPeCSS%20BASt%202014-07-01/AsPeCSS_Final%20event02_Euro%20NCAP%20Road%20Map%202020%96The%20next%20steps%20for%20Vulnerable%20Road%20User%20AEB.pdf)

[11] J.N. Dang, (2015) "Lower Beam Headlighting Visibility Confirmation Test", DOE, NHTSA.

[12] IIHS, (2016) "Headlihgt Test and Rating Protocol(Version I)

[13] IIHS, (2015) "Rationale and Supporting Work for Headlight Test and Rating Protocol".

[14] IIHS HLDI, (2016) "New Headlight ratings", IIHS Status Report, Vol.51, 1-7.

[15] IIHS, (2016) "New Car Assessment Program; Request for Comments", Docket No. NHTSA-2015-0119, 14.

09 최신 자동차 조명 기술 및 미래 자동차 조명 전망

최근 차량용 조명등에 있어서 시인성을 향상시켜 차량 운행의 안전성을 확보하면서도 다른 차량에 이로 인한 눈부심을 최소화하기 위한 매트릭스 전조등 개발이 활발하게 진행되고 있다. 본 장에서는 최근에 실차에 적용되고 있는 매트릭스 전조등에 대하여 살펴볼 뿐만 아니라, 기존의 매트릭스 전조등을 발전시킨 픽셀조명의 개발을 위하여 연구되고 있는 광학기술, 칩, 패키지 기술이 어떻게 발전되고 있는지 살펴본다.
또한 향후 픽셀조명을 바탕으로 발전하게 될 communication 기능의 조명과 미래 자동차 조명 실내등의 기능을 살펴본다.

9.1 적응형 주행빔(ADB) 시스템

최근 자동차 조명 기술의 발전과 더불어 차량의 전조등 빔의 일부를 어둡게 하거나 차량이나 주변 환경에 능동적으로 없애는 제어가 가능하게 되었다. 이러한 기술은 최신의 차선이탈 경고 시스템과 더불어 자동 상향등 활성화(automatic high beam activation) 및 다른 기능들을 통하여 야간에 도로에 다른 사용자에게 눈부심을 줄여주면서도 다른 운전자, 보행자, 장애물을 발견하고 위치를 파악할 수 있도록 해준다. 이러한 기술을 일반적으로 적응형 주행빔(Adaptive Driving Beam)이라고 하며, 상향 전조등과 같이 동작하면서도 도로에 다른 사용자가 있을 경우에는 하향등과 같이 동작하는 기능을 제공한다.

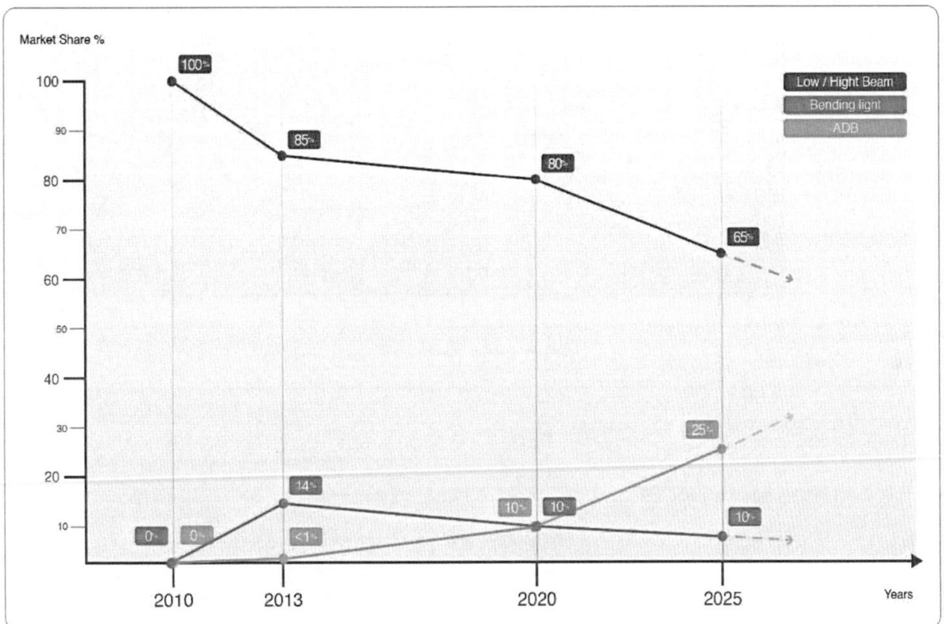

그림 9.1 전조등 시장 비중에 대한 예측 (DVN Global study 2013)

도로상황이나 기후 환경에 따라 자동적으로 배광분포가 조절된다면 운전자는 훨씬 편안하게 운전을 할 수 있게 된다. 따라서 운전자는 운전 자체에 더욱 집중할 수 있게 된다. DVN의 예측 연구에 따르면, 그림 9.1에서 보여주듯이 2025년에는 세계 생산 차량의 25%가 ADB 기능을 장착할 것으로 예상하고 있다[1]. 오늘날에도 운전자들에 대한 조사에 의하면, ADB 기능이 매우 유용하여 선호되는 것으로 알려져 있다[2].

ADB 시스템을 구현하는 방법은 크게 두 가지로 나눌 수 있다. 하나는 상향등 프로젝터 모듈에서 기계적으로 수직 컷오프(cut off)를 기계적으로 움직이는 방법이고 다른 하나는 매트릭스 기술을 적용하는 것이다. 이러한 시스템은 모두 마주오는 차량이나 전방차량을 검출하는 카메라시스템과 이러한 검출결과로부터 객체를 정의하고 램프 동작을 설정하는 소프트웨어부분과 이러한 요구되는 ADB 기능을 구현하는 전조등의 세 가지로 구성이 되어 있다. 보다 향상된 기능을 위해서는 전방차량의 이동 방향 예측이나 교통량 및 주변 환경에 대한 인식을 통하여 보다 효과적인 제어를 위한 연구들도 진행되고 있다.

그림 9.2 전방차량 검출과 검출된 영역 세그먼트가 꺼진 예[3]

매트릭스 전조등 시스템은 다음과 같은 장점들이 있다[3].

1) 차량에 장착된 운전자 보조 시스템에 의하여 상향등의 동작여부가 자동적으로 조절되기 때문에 운전자가 운전작업에 더 집중할 수 있다.
2) 기계적으로 회전시키는 것과 같은 움직임이 없기 때문에 하향등에 배광에 전혀 영향을 미치지 않고 상향등의 세그먼트를 켜거나 껄 수 있다.
3) 컷오프 영역 위로도 충분한 광량이 제공되기 때문에 운전자에게 도로 밖의 언덕이나 주변과 같이 더 넓은 영역을 시각적으로 볼 수 있게 해 줌으로 보다 안전한 운전을 할 수 있도록 도와준다.
4) 상향등은 더 먼 거리에 있는 물체나 다가오는 차량을 볼 수 있도록 해 주기 때문에 더 먼 거리에 대한 시인성을 제공해 준다.

5) 기계적으로 움직이는 요소가 없기 때문에 신뢰성 향상과 함께 응답 속도도 훨씬 빨라질 수 있다.

이러한 장점들로 인하여 매트릭스 전조등의 운전의 안전성을 크게 높일 수 있다.

적응형 주행빔(ADB)은 메트릭스 전조등과 같이 전방 차량이나 맞은편 차량이 있는 경우에 눈부심을 방지하기 위하여 상향등에서 해당되는 부분을 꺼 주도록 배광을 제어하는 시스템을 말한다. 이러한 기능을 통하여 교통환경과 무관하게 전방에 상향등의 시인성을 제공해 줄 수 있다[4].

중요부품으로 전방 차량 인식 카메라, 전자제어 장치(electronic control unit), ADB 전조등이 있다. 카메라는 전방 차량이나 맞은편 차량의 위치를 검출하는데 사용된다. ECU는 활성화시킬 적절한 LED 배열의 패턴을 계산한다. ADB 배열의 LED들은 ECU 신호에 따라 On/off 된다.

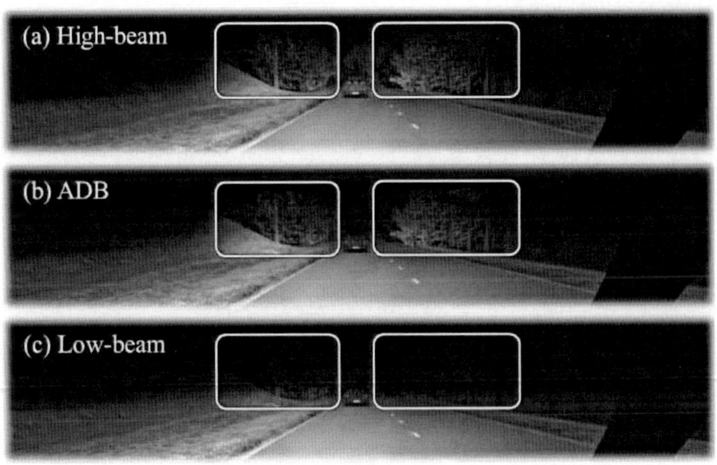

그림 9.3 상향등, 하향등, ADB의 배광 분포 비교 [4]

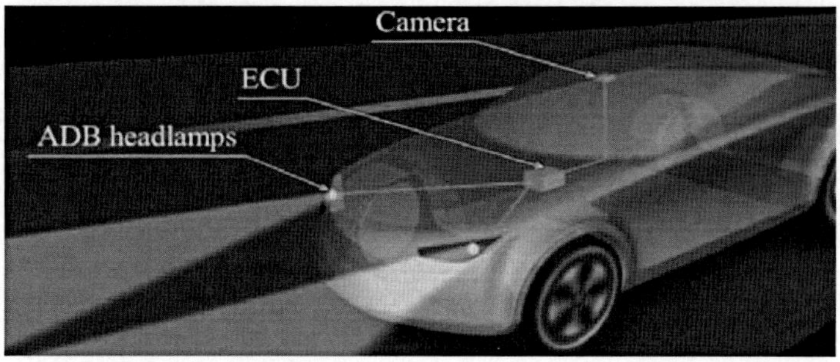

그림 9.4 ADB 전조등의 구성 요소들

9.2 적응형 주행빔의 시인성 평가

적응형 주행빔이 기존의 전조등에 비하여 얼마나 시인성을 향상시키며 차량 안전성을 높일 수 있는지에 대하여 판단하기 위한 연구들이 활발하게 진행되고 있다[5]. 이러한 연구들을 통하여, 메트릭스 빔을 가진 경우에는 보행자나 장애물 검출 거리를 크게 향상시킬 수 있는 것을 보이고 있다. 그림 9.5는 이러한 실험의 한 예로써, 하향등의 경우보다 검출거리가 크게 향상된 것을 볼 수 있다[3].

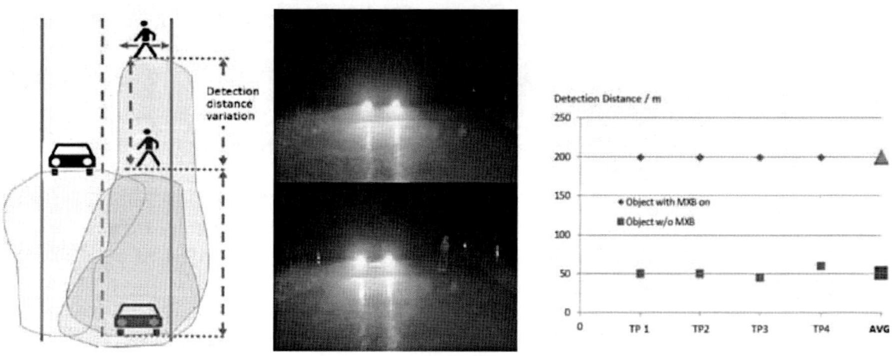

테스트 시나리오 하향등과 메트릭스빔 하향등과 메트릭스 빔에서의 검출 거리

그림 9.5 메트릭스 빔의 성능 평가 예[3]

오늘날 실제 ADB기능이 장착된 차량들이 나와서 운행 중인 것도 있으며, 그 장착이 확대되고 있다. 실제 ADB 기능의 시스템에 있어서 중요한 것 중에 하나는 실시간으로

전방 차량을 잘 검출하여, 충분히 정확한 방법으로 암부를 형성하여 다른 차량에 눈부심을 야기하지 않는지를 검토할 필요가 있다.

시나리오	실험 조건	측정 결과
전방차량	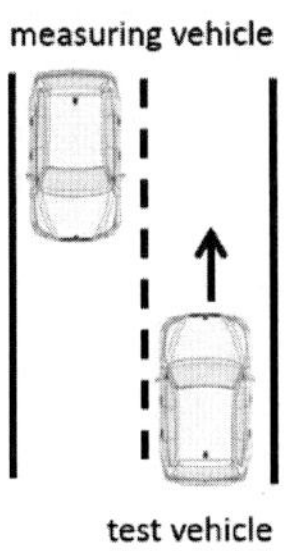	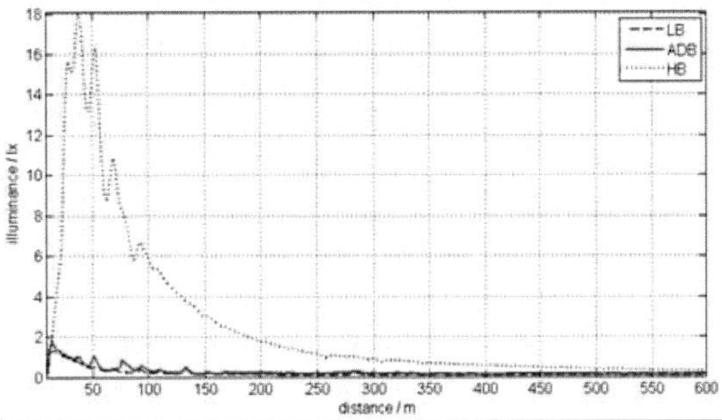
교차로	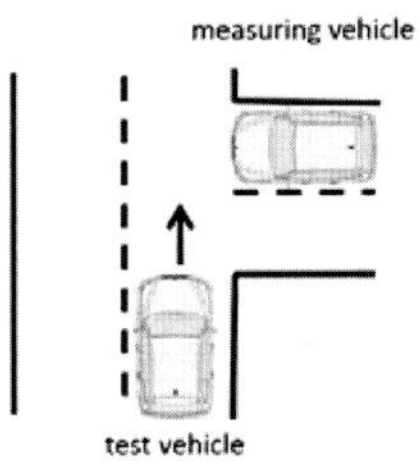	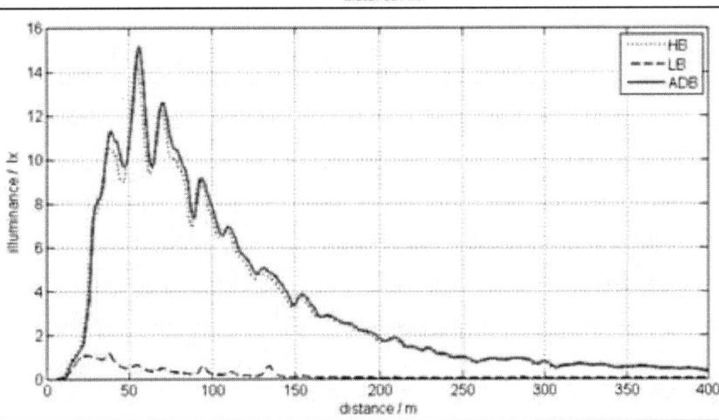
추월	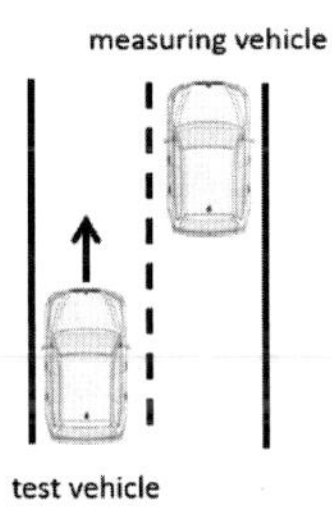	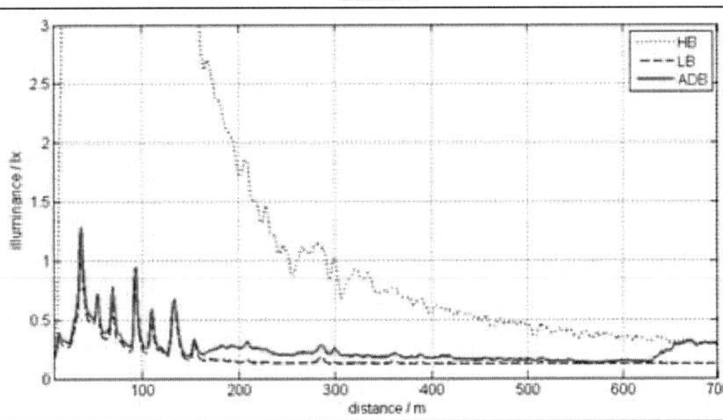
곡선로	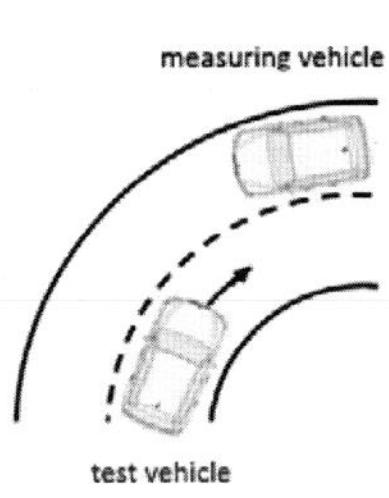	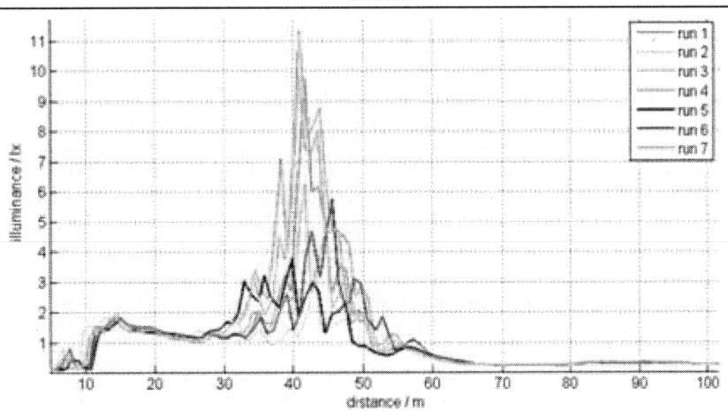

그림 9.6 교통 시나리오와 각 시나리오에서 운전자에게 비치는 광량

Darmstadt 대학에서는 Griesheim 공항에서 사고가 많이 일어나는 네 가지 교통 시나리오를 설정하고 실험을 수행하였다. 측정 차량과 실험 차량은 모두 GPS 신호를 5Hz 단위로 측정하여 실제적인 차량 사이의 거리를 측정하도록 하였다. 측정차량은 정지되어 있고, 운전자의 눈 위치에 광도계가 있어서 운전자의 눈에 들어오게 되는 빛의 양을 측정하도록 되어 있었다. 실험 차량은 시속 80 km의 속도로 측정 차량에 접근하도록 하였다. 여덟 번의 반복 실험을 통하여 각 상황에서의 얻을 결과를 분석하였다[6].

실험 결과에 따르면, 전방차량과 추월의 경우에는 ADB 시스템이 하향등과 거의 동일한 광량이 비치는 것으로 측정이 되었다. 하지만, 교차로의 경우에는 상향등과 비슷한 결과를 보였으며, 이는 교차로에서 상대방 운전자에게 눈부심을 야기하는 것으로 볼 수 있다. 곡선로의 경우에는 40 m 부근에서 1.5룩스부터 11.4룩스의 변화를 보이고 있으며, 이는 어떤 때는 측정하는 차량이 암영부에 올바르게 들어오지만, 어떤 때는 암영부를 벗어나는 눈부심을 야기하는 것으로 볼 수 있다. 이러한 현상의 ADB 시스템에서 느린 응답속도로 인한 것으로 볼 수 있다.

9.3 매트릭스 전조등을 위한 광학 모듈 개발 동향

매트릭스 전조등은 매우 정확하고 고투명성의 광학 도광판이 요구된다. 이런 도광판은 각각의 LED로부터 간섭이 없이 광출력 표면으로 광을 전달하게 된다. 매트릭스의 LED의 개수에 따라 하나의 도광판(노즐)이 각각 1 mm 이내의 지름을 가지면서 100개 이상을 가진 광학 모듈이 필요하기도 한다[7]. 추가적으로, 소재는 LED 매트릭스 칩에 매우 가까이 정착되기 때문에 많은 광방출과 광원의 열부하를 견딜 수 있어야 한다. 일반적으로 흔히 사용되는 열가소성 수지의 경우에는 이러한 요구사항을 만족시키지 못한다. 따라서 새로운 소재 및 접근 방법이 요구된다.

매트릭스 전조등을 위한 광학 소자는 첫째, 각 LED에서의 광손실을 최소화해야 한다. 이를 위해서는 연결부분과 소재의 투명한 부분, 출력 표면에 대한 정확한 배치가 요구된다. 둘째, 다른 LED 광원 사이의 간접은 최소화되어야 한다. 셋째, 많은 광방출 부하가 있기 때문에 이러한 환경적인 조건들을 견딜 수 있는 것이 요구된다. 마지막으로 다른 LED 빔 요소들 사이의 간격을 피하기 위하여 밑을 잘라내는 것이 필요하다. 이러한 조건은 기존의 유리나 열가소성 수지로써는 만족시킬 수 없다.

실리콘은 이러한 일차광학계에서 요구되는 조건들을 만족시킬 수 있다. Optoflux 회사는 실리콘으로부터 광학요소를 생산해 온 오랜 경험이 있으며 이를 바탕으로 액체 실리콘 고무(LSR : Liquid Silicone Rubber)를 이용한 도광판을 구현하였다. 그림 9.7은 이러한 매트릭스 전조등을 위한 실리콘 조광판의 예를 보여준다.

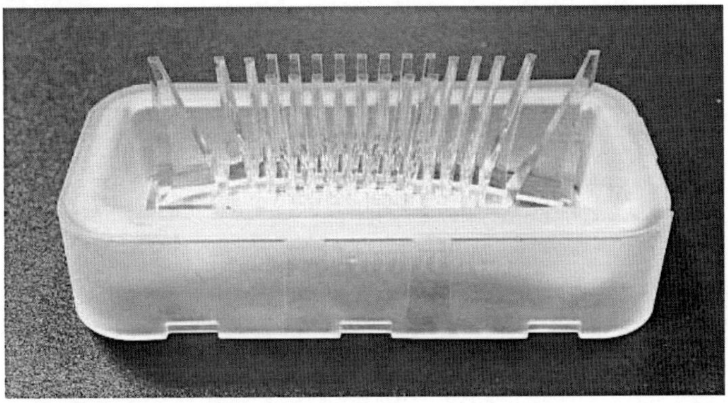

그림 9.7 매트릭스 전조등을 위한 실리콘 도광판의 예

적응형 전조등에서 효율을 향상시키며, 기계적으로 움직여서 눈부심을 없애주는 방법으로 새로운 개념들이 소개되었다. Automotive lighting 사에서는 고효율의 광학요소를 가지고 하향등과 상향등을 결합시키기 위하여 기존의 시스템에 수평 회전 모듈에 두 채널의 디밍제어와 반사셔터와 프로젝션 렌즈를 가진 시스템을 제안하였다[8]. 그림 9.8은 제안된 시스템의 광학모듈로 기존의 시스템에서는 광을 흡수했다면, 제안된 시스템에서는 광을 흡수하는 대신 다른 부분으로 반사시킴으로 효율을 크게 향상시키도록 하였다.

제안된 시스템은 하향등을 위하여 일곱 개의 LED가 사용되고, 상향등을 위해서는 네 개의 LED가 사용되며, 하나의 반사 셔터와 하나의 프로젝션 렌즈가 사용된다. 하향빔을 생성하기 위하여, 주 광학계는 LED 광원을 수평 반사 셔터 쪽으로 광이 모이도록 한다. 광을 일부는 바로 프로젝션 렌드로 가게 되고 다른 일부는 반사 셔터를 통하여 반사된다. 기존의 흡수 셔터의 경우에는 광 손실이 일어나는 것과는 달리, 이러한 방법을 통하여 광을 활용할 수 있도록 한다.

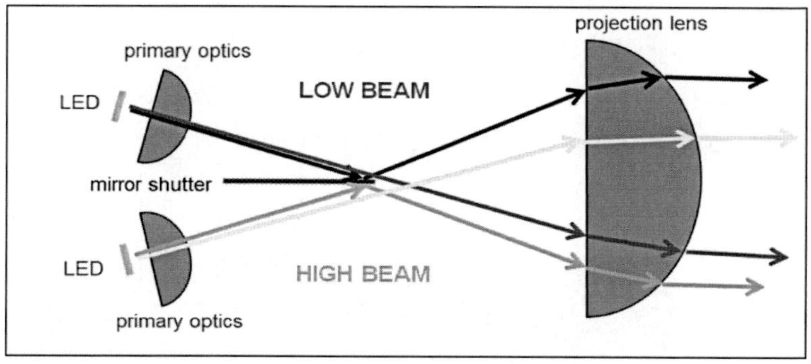

그림 9.8 수평 반사 셔터를 이용한 하향등과 상향등을 생성하는 원리

9.4 매트릭스 전조등을 위한 광원 모듈 개발 동향

오늘날 전조등은 다수의 반사판이나 프로젝터 구조를 가지고 있으며, 더 얇고 작은 광학계를 주 광원 기능을 위하여 사용하여 좀 더 스포티하게 보이도록 하며 DRL이나 위치 조명(position lights)과 같은 다른 기능을 위한 추가적인 공간을 제공하려고 한다. 이러한 경향은 광원에 있어서 더 고성능과 설계 유연성을 제공하는 것을 요구한다. 동적으로 스위치 가능한 빔 분포는 개별적으로 접근 가능한 광원과 고광량 및 고해상도를 요구한다.

매트릭스 전조등을 위해서는 고대비(high-contrast)이며, 작은 발광 면적을 가지며 고밀도의 패키징과 효과적인 열전달이 요구된다. 이러한 요구를 만족시키기 위하여 Lumleds에서는 매트릭스 전조등에 효과적으로 사용될 수 있는 웨이퍼 단계 패키징(WLP : Wafer Level Packing)를 바탕으로 한 LUXEON Neo라는 LED 광원 모듈을 개발하였다[9].

웨이퍼 단계 패키징(Wafer level packing)을 이용한 칩 스케일 패키징(CSPs: Chip Scale Packages)은 LED 산업 분야에서도 새로운 것이긴 하지만, 반도체 산업에서는 이미 적용되고 있는 방법이다. 실리콘 IC에 WLP를 개발하는 것은 소형화, 향상된 열전달, 고신뢰성에 대한 요구에 의하여 이루어지게 되었다. WLP는 다이(die) 단계의 프로세스를 웨이퍼 단계로 통합하게하여 하나의 칩이나 디바이스를 만들도록 한다. 칩 단계 패키징은 원래 LED에서 발광면과 같은 칩이나 이보다 약간 큰 크기를 가지고 완전히 동작하는 패키지를 만드는 것을 의미한다.

LUXEON Neo는 단일 칩 WLP 단일 칩을 바탕으로 N과 P 접촉이 L2 보드에 직접 붙일 수 있도록 되어 있다. LUXEON Neo는 1mm^2 과 0.5 mm^{2}의 두 개의 칩 사이즈가 제공되고 있다.

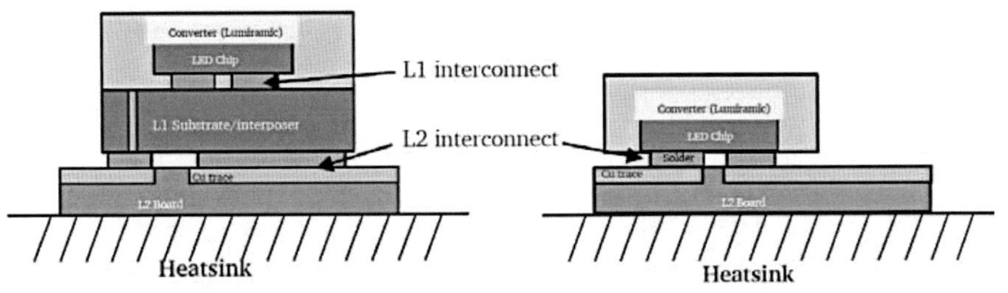

그림 9.9 기존의 구조와 L1 구조가 제거된 WLP 구조

그림 9.9에서 보여주는 것과 같이 L1 구조가 제거되고 직접 L2와 연결됨으로 높은 열 전달과 신뢰성을 제공할 수 있다. WLP 칩에는 ESD를 위한 다이오드가 박혀 있다.

작은 크기로 인하여 LUXEON Neo는 매트릭스 전조등을 위하여 이상적으로 사용될 수 있다. 쉽게 매트릭스 형태로 확장이 가능할 뿐 아니라, 두 가지 다른 크기를 활용하여 보다 효과적인 배치가 가능하다. 가령, 매트릭스 전조등에서 중심에는 보다 많은 광량이 필요하고 주변에는 훨씬 적은 광량으로도 충분하다. 따라서, 그림 9.10에서 보여주는 것과 같이 요구되는 광량에 따라 다른 크기의 칩을 배열함으로 보다 효과적으로 원하는 광량을 구현할 수 있을 것이다.

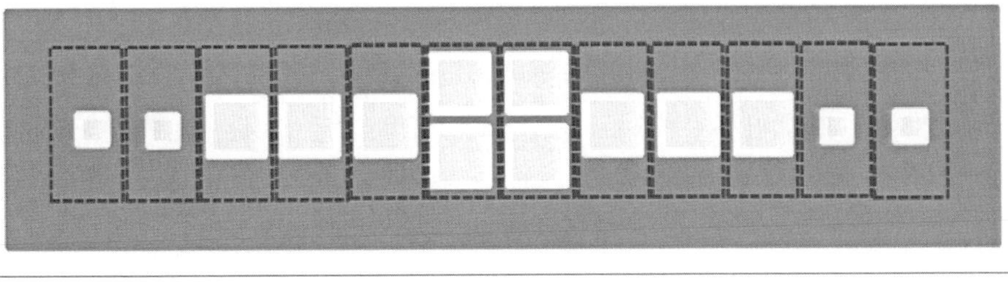

그림 9.10 매트릭스 전조등을 위한 최적 배치의 예

9.5 픽셀 조명의 개발 사례(uAFS)

도로 조명이 있게 되면 전조등과 같이 차량 조명만 있는 경우와는 시인성이나 눈부심에 있어서 차이를 보이게 된다. 도로 조명이나 차량 조명이 모두 운전자 앞에 있는 것이 잘 보이도록 만들어졌다. 도로 조명은 도로 표면에 빛을 비추어줌으로 도로 표면과 대비하여 테두리와 같은 윤곽선이 잘 보이도록 한다. 반면에 차량의 전조등은 도로 표면과 같은 면에 있는 물체보다는 보행자와 같이 도로 표면과 수직을 이루고 있는 면을 잘 보이도록 한다.

AFS/ADB 전조등을 위한 직접된 고해상도의 LED 광원을 개발하고자 하는 연구과제가 독일에서 진행되었다. 컨소시움에는 LED광원 업체로 오스람 옵토 반도체(OSRAM Opto Semiconductor)와 차량용 시스템 IC 업체인 인피니언(Infineon), 시스템 패키지 회사인 Fraunhofer IZM, 그리고 차량용 조명회사인 헬라(Hella), 조명회사인 오스람, 그리고 완성차 업체인 Daimler가 참여하는 µAFS라는 컨소시움을 구성하여, 0.125 mm의 피치를 가지는 1024 픽셀의 광원을 개발하는 연구를 수행하였다[10].

집접화된 고해상도의 LED 소자 각각을 직접 제어하기 위하여 인피니언에서는 조합가능한 고출력 전류원을 가진 드라이브 IC를 개발하였다. 집을 각소자에 대하여 독립적인 PWM 제어가 가능하고 통신기능도 제공된다. 통상전류는 15 mA이며, 5비트로 제어되는 값을 통하여 조절가능하다. 온도센서가 내장되어 있어서 제어하는데 온도보상을 하여 제어할 수 있도록 되어 있다.

LED 광원의 epi는 1mm^2 당 64개의 픽셀을 가지며, 각각의 픽셀은 실리콘 메트릭스 구동회로와 웨이퍼 단계에서 연결되어야 한다. 효과적인 연결을 위하여 Au/Sn을 이용한 접합 방법과 나노 가공된 금이 사용되었다. 이러한 연결에 의하여 마이크로 구조를 가진 LED 픽셀 배열이 결합되었다. 이를 통하여 각 픽셀은 115 µm × 115 µm 크기를 가지며, 픽셀 피치는 125 µm를 달성하였다. 개발된 소자는 각 픽셀당 3 루멘의 광량을 낼 수 있도록 구현되었다.

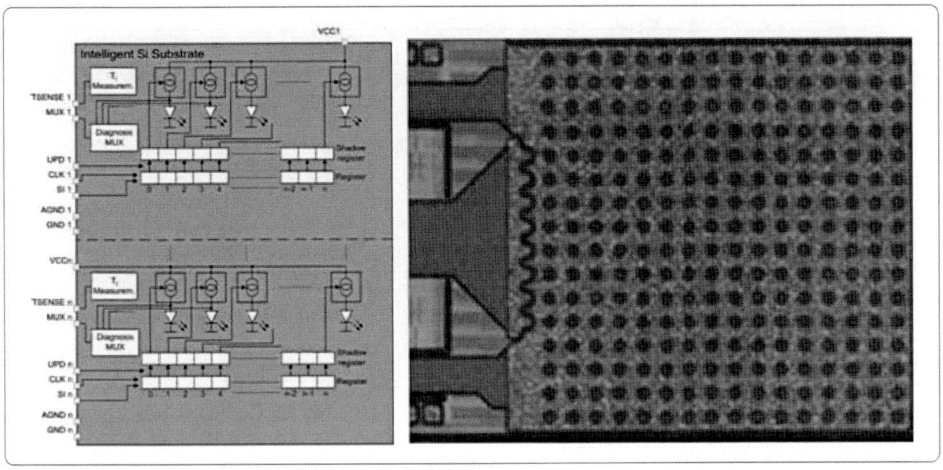

그림 9.11 구동 IC의 블록도 및 칩 사진

개발된 고집적 광원소자의 효과적인 구동을 위해서 모듈화된 제어 시스템이 필요하며, 구동을 위한 시스템이 마이크로 컨트롤러와 FPGA 형태로 구현되었다. FPGA 단에서는 감마보정(gamma correction), 노이즈 제거, PWM 생성 등을 담당한다. 전체 제어 모듈은 그림 9.12와 같다.

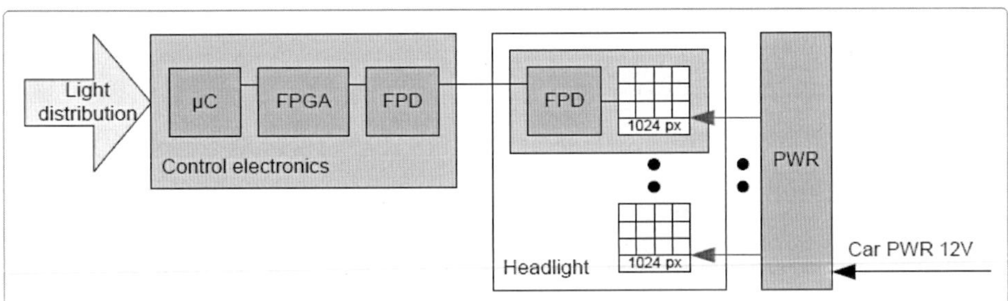

그림 9.12 1024 LED 픽셀에 대한 제어 및 신호처리 모듈

개발된 광원 모듈은 기존의 벤츠 E-클래스에 전조등 하우징을 기반으로 한 프로토타입 시스템으로 개발되었다. 개발된 시스템은 픽셀 열(row)을 바꿈으로 기계적인 장치 없이 전조등 빔을 자유롭게 조정할 수 있다.

9.6 픽셀 조명의 전망 및 향후 발전방향

매트릭스 전조등은 향후에 HD급 이상의 고해상도 조명을 제공하며, 밝기도 최대 20만 칸델라 이상이 될 것으로 보인다[11]. 이러한 고해상도의 고출력의 전조등이 되기 위해서는 스위치 가능한 광원 세그먼트가 급격하게 증가해야 할 것이다. 그러면 어떻게 이러한 고해상도를 구현할 수 있을 것이며, 얼마만큼의 고해상도가 필요할까? 그리고 고해상도는 어떻게 정의할 수 있을까?

고해상도를 정의하는데 있어서, 두 가지 다른 해상도를 정의할 수 있다[11]. 하나는 차단 해상도(masking resolution)로 전방운전자 등으로 인하여 차단되는 두 개의 다른 차단 영역 사이의 최소 거리로 정의할 수 있다. 이 값은 ADB 시스템에서 도로의 다른 사용자를 차단하기 위하여 필수적으로 요구되는 것이다. 또 다른 것으로 화면 해상도(picture resolution)로 분리하여 조사될 수 있는 최소 영역으로 정의될 수 있다. 이 해상도는 두 개의 차단 그림자 사이에 심볼이나 선을 그린다면 중요한 해상도이다. ADB 시스템의 기본 성능을 평가하기 위해서는 차단 해상도가 중요하지만 향후 로고를 그리거나 메시지를 그려서 보여주는 것과 같은 추가적인 기능을 위해서는 화면 해상도도 점점 중요해 질 것으로 보인다.

다른 운전자에게 눈부심을 일으키지 않기 위하여 요구되는 최소한의 해상도는 얼마인지를 계산하기 위하여, 215000 칸델라의 광량을 가지는 상향등이 전방에 있는 폭이 1 m인 오토바이 운전자에게 눈부심을 주기 않기 위하여 차단하는 경우를 생각해 보자.

광원이 1룩스가 도달하는 거리는

$$\sqrt{\frac{215000cd}{1\,lx}} = 463m$$

가 된다.

오토바이 운전자를 위하여 1.5 m 간격의 차단 그림자를 만든다면, 필요한 해상도는

$$\tan^{-1}\left(\frac{1.5m}{463m}\right) = 0.18^{o}$$

가 된다.

요구되는 해상도는 영상처리 등으로 인하여 카메라에서 전조등으로의 지연이 커질수록, 도로의 곡률이 심할수록 더 높은 해상도를 요구하게 된다. 이러한 상황에서는 대상물의 경계를 따라 조명할 수 있는 고해상도의 차단 그림자를 생성할 수 있는 ADB 시스템이 효과적이게 된다. 그럼 이러한 고해상도의 전조등 시스템을 만들 수 있는 미래 기술들에는 어떤 것들이 있을까? 그림 9.13은 개발 중이거나 앞으로 개발될 수 있는 고해상도의 픽셀전조등을 위한 광원, 이미지 생성 장치(picture generation unit) 및 광학 요소의 조합을 보여준다[11].

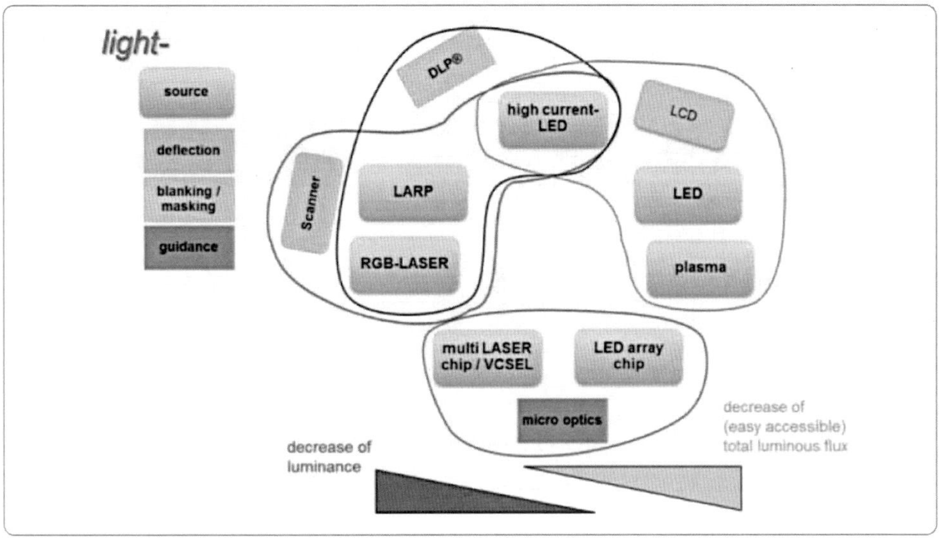

그림 9.13 잠재적인 이미지 요소와 광원의 조합 [11]

고해상도의 매트릭스 전조등이 개발되었을 때 제공될 수 있는 다양한 새로운 기능들이 있다. 그림 9.13은 이러한 기능들의 예를 보여준다. 먼저 보행자와의 의사소통 수단으로 사용되어 기능을 선택할 수 있도록 할 수 있다. 운전자에게 여러 가지 정보를 제공하기 위한 표시조명으로 사용될 수 있다. 차로를 효과적으로 보여주거나, 위험해 질 수 있는 상황에서 광학적으로 안내조명으로써도 사용될 수 있다[12]

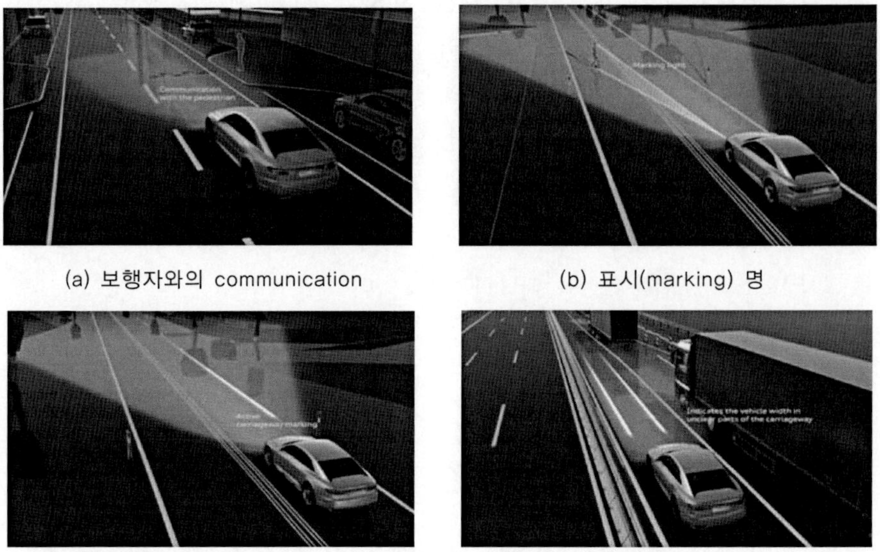

(a) 보행자와의 communication

(b) 표시(marking) 명

(c) 능동 차로 표시

(d) 광학적 차선 표시

그림 9.14 고해상도 매트릭스 전조등이 제공할 수 있는 기능들

연습 문제

9.1 차량의 전조등에 사용된 광원 및 램프 모양이 어떻게 변해 왔는지 시간적 순서로 정리하고, 향후 전조등의 발전 방향에 대하여 논의하라.

9.2 ADB 시스템의 장점을 설명하라.

9.3 메트릭스 빔 전조등 개발에 사용되는 광학적 요소의 특징을 설명하라.

9.4 웨이퍼 단계 패키징의 장점은 무엇인지 설명하라.

참고 문헌

[1] Neumann, R., Opti-Matrix-LED headlamp–future light for everybody, pp 171-176, ISAL 2015.

[2] Yeo, Y., Kim, H. W., Han, K. H., 'Preliminary research on ADB marketability in Korean market: using the qualitative investigation', ISAL 2015.

[3] Hamm, M., 'Analysis and Experience with the first 6Matrix LED Headlight Platforms in the field', ISAL 2015.

[4] Kurosu, H., 'LED adaptive driving beam headlamps', pp. 267-274, ISAL 2015.

[5] Bullough, J.D. 'Vehicle forward lighting: A new look at intelligent adaptive headlamps, safety and performance', VISION 2014.

[6] Kosmas, K., Polin, D., Schiller, C., Kobbert, J., Khanh, T.Q., 'Comparing the glare load of low beam, high beam and glare-free high beam under different traffic codnitions on the road', pp. 229-237, ISAL 2015.

[7] Luce, T., Prass, F., 'Silicone optics for automotive matrix lighting', pp. 205-209, ISAL 2015.

[8] Manz, J., Rosenhahn, E.-O., 'New concept for a best cost glarefree LED high beam', pp. 153-159, ISAL 2015.

[9] Peddada, S. R., Spinger, B., Li, L., Mai, K. Vakkalanka, S., Vampola, K., Deckers, M., Bienen, N., Marchewka, A., Benter, N., Lesch, N., Vanderhaeghen, D., 'Wafer Level Packaging (WLP) based LED for advanced head lighting–LUXEON Neo', pp. 275-284, ISAL 2015.

[10] Grötsch, S., Pfeuffer, A., Liebetr며, T., Oppermann, H., Brink, M., Fiederling, R., Möllers, I., Moisel, J., 'Integrated high resoultion LED light sources in an AFS/ADB headlamp', pp. 241-250, ISAL 2015.

[11] Markus, R., Nina, W., Peter, H., 'Solution paths towards high-resolution ADB

systems', pp. 177-186, ISAL 2015.

[12] Funk, C., Reim, J., 'New world of lighting based driver assistance systems–'Good bye low beam'', pp. 131-136, ISAL 2015.

정가 23,000원

자동차 조명과 인간의 시각특성

2018년 2월 22일 초판 인쇄
2018년 3월 2일 초판 발행
저 자 : 이찬수 · 박혜리 · 박현수 · 강병도
발행자 : 송 준
발행처 : 홍릉과학출판사
주 소 : 서울시 강북구 인수봉로 50길 10
01093
등 록 : 1976년 10월 21일 제5-66호
전 화 : (02) 999-2274~5, 903-7037
팩 스 : (02) 905-6729
e-mail: hongpub@hongpub.co.kr
http://www.hongpub.co.kr
ISBN: 979-11-5600-568-1